山西大同大学博士科研启动经费资助项目（2018–B–21）资助

刘海燕 著

基于核酸的光学生物传感器

JIYU HESUAN DE GUANGXUE SHENGWU CHUANGANQI

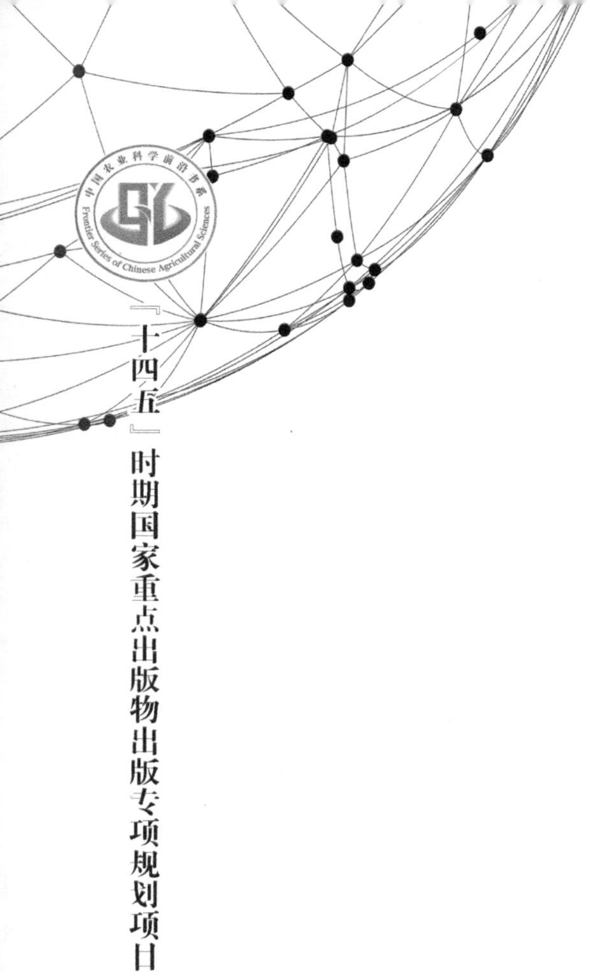

『十四五』时期国家重点出版物出版专项规划项目

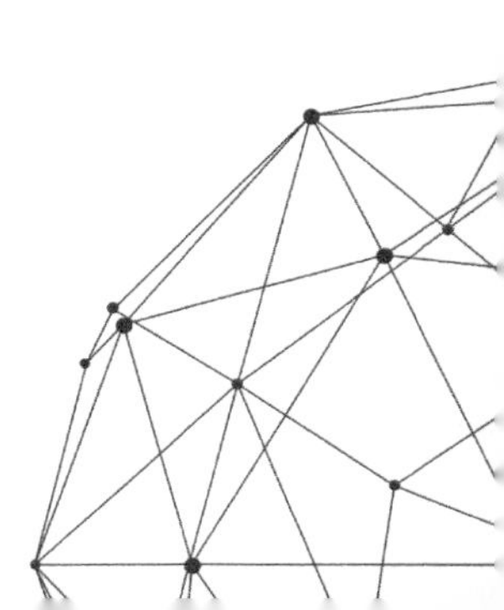

中国农业科学技术出版社

图书在版编目（CIP）数据

基于核酸的光学生物传感器 / 刘海燕著. -- 北京：中国农业科学技术出版社，2024.7. -- ISBN 978-7-5116-6959-9

Ⅰ. TP212.3

中国国家版本馆CIP数据核字第202419ZD32号

责任编辑 陶　莲
责任校对 王　彦
责任印制 姜义伟　王思文

出 版 者 中国农业科学技术出版社
北京市中关村南大街 12 号　　邮编：100081
电　　话 （010）82109705（编辑室）（010）82106624（发行部）
（010）82109709（读者服务部）
网　　址 https://castp.caas.cn
经 销 者 各地新华书店
印 刷 者 北京建宏印刷有限公司
开　　本 170 mm×240 mm　1/16
印　　张 9　　彩插 8 面
字　　数 210 千字
版　　次 2024 年 7 月第 1 版　2024 年 7 月第 1 次印刷
定　　价 86.00 元

前言

随着社会的发展和科技的进步，人们对于光学生物传感器的研究也在不断深入。政策的扶持、技术的进步和市场的需求共同推动了光学生物传感器行业的发展，使光学生物传感器行业处在一个快速发展的黄金时期。特别是在全球生物技术和健康产业风起云涌的大背景下，光学生物传感器迎来了前所未有的发展机遇。生物技术的飞速发展，为光学生物传感器提供了更为广阔的应用场景；而健康产业的蓬勃兴起，则为传感器市场带来了源源不断的需求。无论是临床诊断、药物研发，还是环境监测、食品安全，光学生物传感器都发挥着不可或缺的重要作用。

光学生物传感器还逐渐渗透到环境保护、食品安全、农业科技、航天航空等多个领域。在环境保护领域，随着全球环境问题的日益严重，对于污染物的实时监测和治理显得尤为重要。光学生物传感器能够实时监测水体、空气、土壤中的污染物含量，为环境保护提供及时、准确的数据支持。在食品安全领域，它们能够快速检测食品中的有害物质和微生物污染，保障食品的安全和卫生。在农业科技方面，光学生物传感器则能够监测植物的生长状况、土壤养分和病虫害情况，为精准农业和智慧农业的发展提供有力支撑。在生物安全领域，随着生物恐怖主义的威胁日益加剧，以及新发传染病的不断出现，快速、准确地检测生物危害因子对于保障公共安全至关重要。光学生物传感器发挥着不可替代的作用。光学生物传感器还可用于监测宇航员的生理状况、太空环境等，为人类的太空探索提供有力保障。

生物科技领域的快速发展也为光学生物传感器市场注入了新的活力。生物科技的进步不仅拓宽了光学生物传感器的应用领域，还为其提供了更多的创新空间。本著作为光学生物传感器的利用提供新的方法，为相关领域的学者提供借鉴，以期推动学术领域的进一步发展。

最后，我要衷心感谢所有为本著作做出贡献的学者和专家。他们的辛勤工作和深入研究为本书提供了宝贵的知识资产。相信通过共同的努力，我们能够不断推动光学生物传感研究的发展，为社会的繁荣做出更大的贡献。

刘海燕

2024年6月

目录

1 绪论 / 1

1

绪　论

现代科学技术的快速发展，特别是分子生物学的快速发展，推进人类对生命的认识逐步深入到分子水平。传统的分析方法和技术已经不能满足各研究领域在分子水平的研究，所以分析化学面临着巨大的挑战。生物传感器作为一种新型的检测方法，因其具有测定快速、样品预处理简单、成本低、灵敏度高、选择性好等特点而备受关注。

1.1 生物传感器概述

生物传感器是以蛋白质、多肽、DNA 或 RNA 等生物活性物质作为敏感元件与适当的物理或化学换能器有机结合而组成的一种分析检测装置。它是经生物分子间的特异性结合，产生生物信号，再将生物信号转变成为电信号、光信号或其他敏感信号后对生物物质进行定量分析的方法。

生物传感器有多种分类方式。根据生物传感器器件检测原理的不同可将生物传感器分为光学生物传感器、电化学生物传感器、热学生物传感器及压电晶体生物传感器等。其中光学生物传感器因具有检测快速、操作简单、免分离、可以实现原位和活体测定等优点而被广泛应用于生物医学研究、健康监测和诊断、药物分析及环境保护等方面。

1.2 功能核酸

核酸不仅是储存遗传信息的遗传物质，也是多用途的生物大分子，可以像蛋白质一样，具有与物质进行特异性结合和催化等功能。功能核酸（functional nucleic acids，FNAs）种类比较多样，不仅包括能够特异性识别目标分子的核酸适配体，具有催化活性的核酸酶序列，而且还包括能够特异性识别 Hg^{2+} 和 Ag^{+} 的富 T 序列和富 C 序列，基于 G 四链体结构识别离子和小分子的富 G 序列以及标记有荧光和猝灭基团的分子信标、三链核酸等（图 1-1）。其中，DNA 核酸适配体及脱氧核酶，具有出色的稳定性，被广泛地用来构建生物分析和生物识别的传感器和催化装置。

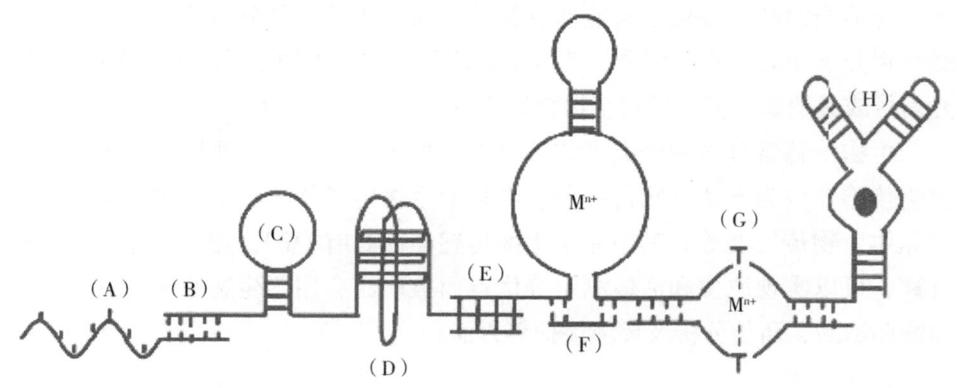

图 1-1 核酸的结构和功能特征[1]:（A）单链核酸，（B）双链核酸，（C）发夹结构，（D）G- 四链体结构，（E）三链核酸，（F）核酸酶结构，（G）金属碱基错配稳定的双链，（H）适配体结构

1.3 基于适配体的生物传感器

DNA 传感器通常由一条可与互补 DNA 高特异性结合的 DNA 组成，因此可以轻松实现对其互补 DNA 或者 RNA 的检测。DNA 传感器可以通过将功能核酸如适配体或 DNA 酶作为探针来实现对靶标物质的检测。所以，DNA 传感器在医学检测及诊断、环境检测和食品分析等方面具有极大的应用潜能。

1.3.1 适配体在传感分析中的优势

核酸适配体是可以通过折叠成不同的二级结构和三级结构实现与靶标分子特异性结合的 DNA 或者 RNA[2]。它是通过指数富集的配基系统进化技术（systematic evolution of ligands by exponential enrichment，SELEX）筛选获得的碱基数一般为 20 ～ 100 个的单链寡聚核苷酸。迄今为止，已有大量的具有高亲和力的适配体被筛选出来，靶标分子包括金属离子、小分子、蛋白质、细胞以及微生物[3-7]。

与传统分析方法中使用的抗体相比，适配体在传感分析应用方面具有以下优势：

（1）因为核酸适配体是体外筛选，所以能识别各种靶标物质，包括一些具有毒性和不易产生免疫反应的物质，比如一些离子和小分子。

（2）具有良好的稳定性，尤其是热稳定性，易于对其进行合成和保存。适配体在热变性后可一定程度上恢复结构并重新结合靶标物质。

（3）便于合成和修饰。核酸适配体合成过程成本低，重复性高且合成速度较快。而且核酸适配体可以进行多种修饰，通过修饰不仅可以增加其稳定性和进行固定化应用，也可通过用荧光分子修饰构建光信号体系。

（4）具有高亲和力和选择性。适配体与靶标物质的结合具有很高的亲和力，特别是与大分子物质，电子平衡常数（Kd）可以达到纳摩尔甚至皮摩尔级。

（5）低免疫原性和低毒性。因核酸适配体的产生不需通过免疫识别，所以通常具有低免疫原性和低毒性。

（6）核酸适配体的本质是核苷酸链，而核苷酸链分子量较小，一般为 5 ～ 20 kDa，所有核酸适配体易于吸收且扩散较快。

因核酸适配体具有上述优点，与传统传感器相比，适配体传感器具有以下优势：

（1）适配体可以通过聚合酶链式反应（polymerase chain reaction，PCR）进行放大扩增。基于此特点，实时 PCR 定量分析[8，9]和环状滚动扩增技术[10–13]可被应用于适配体传感器中来进行信号放大。另外，芯片技术同样被用于适配体传感器的设计和应用来对靶标物质进行定量[14]。

（2）适配体在与靶标物质结合时会形成三级结构，结构的变化取决于靶标物质的出现[15]。

（3）适配体不仅可以与靶标物质结合，而且可以与其互补核酸链结合，且适配体与互补核酸的结合可被适配体与靶标的反应破坏。故可将适配体与靶标物质和互补核酸之间的不同的亲和力用于核酸适配体传感器的构建。

（4）在适配体的末端或中间位置进行荧光团或功能团的修饰后，可在传感器中使传感器产生荧光信号或实现固定化应用。

1.3.2 基于适配体的荧光传感器

荧光作为一种开创性的新型工具，被广泛应用于整个生物及生化研究中。在 DNA 荧光传感器中，可通过 DNA 结构的变化引起可与 DNA 结合的传统染料，例如 TOTO、OliGreen 和 EB 的荧光的改变。但是，传统有机染料具有宽发射、窄吸收、光褪色等缺点。所以，近几十年来，一些新型染料被广泛研究并应用，包括量子点（QDs）[16]、稀土上转换发光材料（UCNPs）[17]和纳米簇（NCs）等[18]。上述染料因具有卓越的光谱和光物理特征，所以在 DNA 荧光传感器中具有广泛的应用。

1.3.2.1 基于 G- 四链体的荧光传感器

基于 G- 四链体的适配体荧光传感器利用的是可以与呈 G- 四链体的 DNA 进行特异性结合的染料比如 Ru[（bpy）2（bqdppz）]$^{2+}$[19]、N- 甲基卟啉二丙酸 IX（NMM）[20, 21]、酞菁锌（Zn-DIGP）[22]、原卟啉锌 IX（PPIX）[23, 24]、锌卟啉（ZnPPIX）[25]、黄连素[26, 27]、硫磺素 T（ThT）[28, 29] 等。Chen 等基于此原理，利用荧光染料 ThT 实现了对 Tb^{3+} 进行定量测定。无 Tb^{3+} 时，K^{+} 可使 DNA 形成 G- 四链体。当 Tb^{3+} 存在时，G- 四链体结构被破坏，荧光下降。利用此方法对 Tb^{3+} 的最低检测限是 0.55 pmol/L[28]。Fu 等利用 DNA 酶构建了一个 Pb^{2+} 传感器，对 Pb^{2+} 放入最低检测限可达到 3 nmol/L。此体系在 Pb^{2+} 存在时，由于 DNA 酶的作用，富 G 序列可以由发夹结构的底物链，转变为 G- 四链体[25]。最近，裂分式 G- 四链体结构作为一种可形成 G- 四联体的特殊方法被应用于荧光传感器中。Dong 团队以 DNA 连接酶的辅酶依赖和错配特点为基础，利用裂分式 G- 四链体结构和 DNA 连接酶对 DNA 连接酶辅因子和单核苷酸进行了检测。同时他们对不同的 G- 四链体裂分模式进行了研究发现，G- 四链体为 4∶8 的裂分模式时可获得最高信号背景比。在上述研究的基础上，他们利用此模式实现了对 JAK 激酶 2 V617F 突变（JAK2 V617F）和 b-globin（HBB）基因的点突变检测[30]。

1.3.2.2 以三螺旋 DNA 为基础的荧光传感器

用三螺旋分子开关（THMS）进行分析检测具有以下优点：适配体不需要标记；将适配体两端延长后再与互补 DNA 结合形成三螺旋结构有利于保持适配体的高亲和力、特异性以及敏感度。另外，三螺旋分子开关还具有普遍适用性且合成过程简单、成本低的特点。Tan 团队在 2011 年首次将三螺旋分子开关应用于适配体传感器。在此传感器中，两端标记的 DNA 作为信号转导探针（STP）可以与另一包含适配体序列的 DNA 的两个末端 DNA 片段互补结合。加入靶分子后，由于靶分子可与适配体形成靶分子 / 适配体复合物而释放 STP 使信号改变[31]。通过改变适配体序列用此方法可对凝血酶[31]、ATP[31]、L- 精氨酸[31]、K^{+}[32] 和四环素（TET）[33] 进行检测。

1.3.2.3 以发夹结构为基础的荧光传感器

用发夹结构进行检测时，利用荧光基团和猝灭集团标记后的适配体构建分子信标。不同的策略中福斯特共振能量转移（FRET）通常使用供体荧光基团和受体猝灭基团，实现“信号开启”或“信号关闭”来进行检测。荧光的变化是基于靶标的加入引起的分子信标的结构变化，从而引起荧光团的荧光响应的差异[34-36]。

1.3.2.4 基于碳纳米材料的荧光传感器

碳纳米材料如氧化石墨烯（GO）[37-40]、碳纳米管（CNTs）[41]、纳米石墨[42]、介孔碳团簇（OMCN）[43]，因其可以通过 π－π 堆积吸附 DNA 并具有优秀的荧光猝灭能力而被用来组装荧光传感器检测金属离子、蛋白质、DNA 突变和其他的化合物。近期研究发现，双链 DNA（dsDNA）在一定的盐浓度下也可以与 GO 结合形成 dsDNA/GO 复合物。利用 dsDNA/GO 复合物和 Exo I 组装的腺苷传感器对腺苷的最低检测限为 3.1 mmol/L[38]。

Li 等利用 GO 作为猝灭剂和含叔胺的四苯乙烯作为荧光染料构建了聚集诱导发光传感器。带正电荷的 TPE-TA 与适配体结合后，会导致荧光放大。当目标外泌体被引入时，适配体与其结合，TPETA/ 适配体复合物从 GO 表面脱离，从而导致荧光增强。该传感器的线性范围为 0.68 ～ 30.4 pmol/L，最低检测限为 0.57 pmol/L[44]。

GO 也可被用作荧光材料的“纳米增强剂”。通过 ssDNA 作为纳米支架，能够通过与核苷酸碱基的 π－π 堆叠相互作用吸附到 GO 表面[45-48]。Shirania 等基于石墨化氮化碳纳米片对适配体 / 纳米金分子信标的荧光猝灭构建了荧光传感器对地高辛进行了检测。该传感器的线性检测范围为 10 ～ 500 ng/L，最低检测限为 3.2 ng/L[49]。Tan 等利用比率荧光纳米探针构建的荧光系统对玉米赤霉烯酮进行了检测。该检测系统在相同的激发波长下，具有 518 nm 和 608 nm 两个发射波长，可通过电子转移机制使与适配体相连的绿光石墨烯量子点发生猝灭[50]。

1.3.2.5 利用金属增强荧光的传感器

将荧光团接近贵金属，荧光会被激发，激发电子可与局域表面等离子反应。由于金属表面和分子取向的不同，金属纳米粒会增强或减弱荧光团的发射。用金属纳米粒增强荧光具提高耐光性和减少光闪的优势：提高耐光性和减少光闪。例如：利用银纳米粒和 Mn 掺杂 ZnS 量子点（Mn-ZnSQDs）构建的检测肿瘤血管生成的主要肿瘤生物标志物血管内皮生长因子 -165

（VEGF165）的荧光传感器，其荧光比普通的荧光传感器增大约 11 倍，最低检测限为 0.08 nmol/L[51]。

Pang 等利用 MEF 和适配体对 Hg^{2+}[52] 和 H5N1 流感病毒的血凝素融合蛋白 [53] 进行检测。首先将适配体和荧光基团噻唑橙固定在 Ag@SiO_2NPs 表面。当有靶分子存在时，适配体与靶分子结合，适配体形成发夹结构，噻唑橙嵌入此发夹结构，荧光增强。同时，Ag@SiO_2NPs 的增强作用也使噻唑橙荧光大幅增强。利用此方法，Hg^{2+} 和血凝素融合蛋白的检测限可分别低至 0.33 nmol/L 和 2 ng/mL。

1.3.2.6 比率荧光方法

在近几年，比率荧光传感器因其信噪比、灵敏度与精确度比较高，受到越来越多的关注。Qian 等设计了包含双重荧光模式的比率荧光传感器用于赭曲毒素（OTA）的检测，最低检测限低至 1.67 pg/mL[54]。

1.3.2.7 基于分离技术的荧光传感器

将分离技术应用到荧光方法中，并利用纳米材料如磁珠 [55]、金纳米粒子（AuNPs）[56] 和纳米二氧化硅 [57] 作为分离元件也可构建传感器。基于分离技术的荧光传感器原理是纳米粒子与靶分子结合后会与原体系分离从而导致荧光发生改变。Cai 等依据此原理构建了可以对 MCF-7 cells 进行高灵敏检测的荧光传感器，检测限低至 70 cells/mL[55]。

1.3.3 基于适配体的电化学传感器

电化学方法具有灵敏度高、响应速度快、成本低、操作简单等优点，因此被广泛应用于生物传感器中。

1.3.3.1 以电化学阻抗（EIS）为基础的传感器

电化学阻抗是一种通过测定界面分子相互作用来进行定量的方法。Wang 等建立了基于电化学阻抗的腺苷传感器。随着腺苷浓度的增加，界面电子转移阻力增加。此方法最低检测限为 0.02 pmol/L[58]。Sheng 等构建了一个通过改变 DNA 三级结构达到阻抗改变的可卡因传感器。当可卡因存在时，可检测出明显的法拉第阻抗变化。此传感器检测限可低至 0.21 nmol/L[59]。通过对阻抗传感器的技术进行优化，Peng 等基于 DNA 与类过氧化物酶耦合设计了一个滴定阻抗传感器 [60]。此传感器对 NF- κ B（nuclear factor kappa B）的检测限低至 7 pmol/L。但是电化学阻抗方法也有对电极上污染物的非特异性结合比较灵敏的缺点，影响了其在对实际复杂基质中对靶分子的检测应用。所以在利用电化学阻抗原理设计传感器时必须进行严格的控制和优化。Merkoci 团队通过利用 IrO2NPs 设计的阻抗滴定传感器降低了白酒中复杂基质对赭曲霉毒素 A 检测的影响，成功将阻抗滴定传感器应用于对白酒中赭曲霉毒素 A 的检测 [61]。而 Izadi 等通过将石墨电极用 AuNPs 进行修饰后，实现了对蜡样芽孢杆菌（*Bacillus cereus*）的检测 [62]。

1.3.3.2 光电化学传感器

光电化学传感器因其具有操作简单、响应快速、背景信号低和灵敏度高的优点备受关注。迄今为止，成功利用光电化学传感器进行检测的有 DNA[63]、凝血酶 [64]、Hg^{2+}[65]、17 β – 雌二醇 [66] 和啶虫脒 [67] 等。

Li 等利用石墨 –CdS 纳米复合材料作为光敏和电化学复合元件并通过 $Ru(NH_3)_6^{3+}$ 实现信号增强对凝血酶进行了高灵敏度的检测 [68]。Du 等利用光电化学传感器对市售鱼中的微囊藻毒素残留进行了检测，总回收率达到 97.8% ～ 101.6%，RSD 达到 2.52% ～ 5.14%[69]。在此基础上，Tang 等设计的利用 Ir（Ⅲ）复合物的 DNA 光电化学传感器将 HCR 作为放大信号的方法使传感器的准确度和灵敏度进一步得到了提升 [70]。

1.3.3.3 利用模拟酶的电化学传感器

生物酶的利用虽然可使传感器的灵敏度和选择性得到提升，但是生物酶价格昂贵、提纯复杂且费时，所以近几年越来越多的研究者致力于模拟酶在传感器中的应用。相较于生物酶，模拟酶具有结构简单、化学特点稳定、易合成和催化效率高等优点。现被应用于传感器的模拟酶有锰卟啉（MnTPP）[71]、石墨 [72]、纳米 / 生物材料——石墨烯杂化 [73]、DNA/AgNCs[74]、血晶素相关酶类 [75] 等。最早用石墨作为纳米催化剂的适配体传感器是利用石墨的电化学特点，对抗坏血酸氧化物进行了研究 [76]。Chen 等利用 DNA/AgNCs 的模拟过氧化物酶的催化性质设计了 HCR 传感器，对溶解酵素进行了检测 [77]。

1.3.3.4 利用 DNA 四面体纳米结构的电化学传感器

2015 年，Fan 等首次利用 DNA 四面体纳米结构作为电化学传感器的探针，对临床甲型流感病毒（H7N9）咽喉拭子样本中提取的血凝素基因进行了检测。在目标基因存在时，生物素标记的单链 DNA（ssDNA）会与四面体纳米结构的探针在金电极的表面形成“三明治”结构，然后亲和素–辣根过氧化物酶作为信号转换器对杂交反应的结果进行了监控。此方法的最低检测限达到 100 fmol/L。利用此方法将 H7N9 病毒在基因水平上与甲型流感病毒及其他流感病毒进行区分成为可能[78]。另外，DNA 四面体纳米结构也被用于检测 microRNAs[79]。

1.3.3.5 比率型电化学传感器

Ellington 等首次将比率分析法用于 DNA 电化学传感器中[80]。此法在 Plaxco 的电化学传感器方法的基础上添加了第二种氧化还原组件作为进行内部控制的氧化还原探针。内部控制的添加不仅克服了传感器不可再生的缺点且维持了传感器的高灵敏度和选择性（图 1–2）[81]。Yu 等报道了一种基于“三明治”结构的双信号的比率电化学传感器，对凝血酶的最低检测限达到 170 pmol/L。随后该团队又对双信号比率电化学传感器加以修饰后，设计了一种三信号传感器来检测双酚 A[82]。

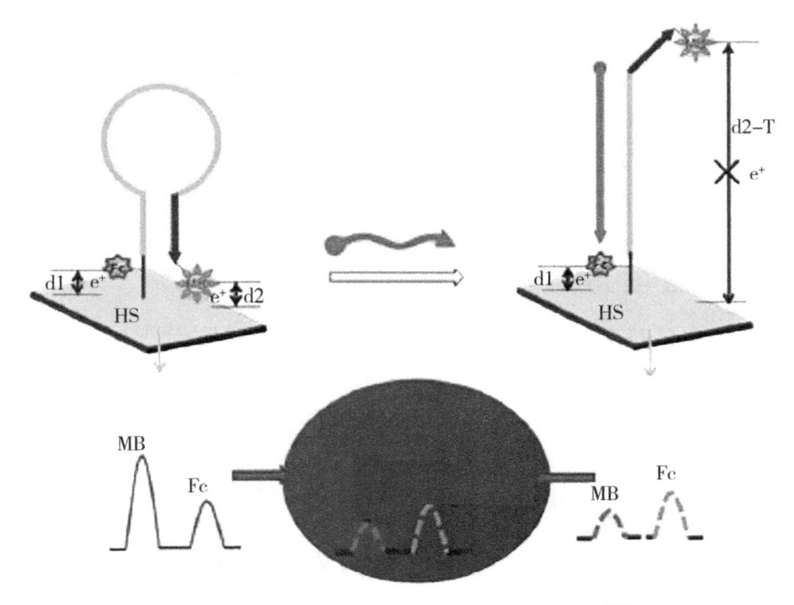

图 1–2 基于适配体的比率电化学传感器[71]

1.3.4 基于适配体的电化学发光传感器

电化学发光法（ECL）是通过电化学反应驱动发光的方法，因此方法简单且具有良好的可控性，而被应用于生物分析中对物质进行检测。ECL 法无背景的特性使得此方法的信号具有很高的时间和空间分辨率和较高的灵敏度。故此方法是对各种样品进行高灵敏度和特异性检测的有力工具，基于此法的生物传感器一直是生物分析领域的又一个研究热点。

1.3.4.1 高性能的简易 ECL 法

生物传感器组成的简单性是生物分子检测或疾病诊断中实际应用和商业化目的的关键参数之一，但是如果生物传感器设计过于简单，传感器的灵敏度、重现性可能会受到影响。大量研究人员致力于建立一种简单、灵敏和稳定的电化学发光传感器[83, 84]。Li 等通过将一个硫醇化的捕获探针自组装到金电极的表面，使其与修饰在电极上的 Ru（Ⅱ）复合物标记的 ECL 探针结合形成双链结构，从而构建了一个利用辅助探针的高灵敏的电化学发光适配体传感器。在检测过程中，如有靶分子存在，捕获探针会与靶标分子结合，捕获探针与 ECL 探针结合形成的双链会被解开。随后，Ru（Ⅱ）复合物标记的电化学发光探针与邻近的辅助探针结合形成新的 DNA 双链，致使 Ru（Ⅱ）复合物与电极表面的距离减小，从而增强信号强度。此方法对凝血酶的最低检测限为 2.0 fmol/L[83]。Lou 等以双重猝灭及链置换反应为基础设计了一个信号增强性 ECL DNA 传感器对 DNA 的最低检测限达到 2.4 amol/L，并且可以将单个碱基错配的 DNA 进行区分[84]。

1.3.4.2 采用新型电化学发光试剂的信号增强方法

电化学发光传感器可以用一些新型试剂来增强信号[85–90]。Yuan 团队以原位酶反应为基础，利用自增强电化学发光体钌化合物设计了一个新型的 ECL 传感器对凝血酶进行检测，检测限可低至 0.33 fmol/L[85]。

1.3.4.3 以 DNA 扩增技术为基础的 ECL 传感器

DNA 扩增技术例如以杂交链式反应为基础的杂交技术（HCR）[91]，以 nicking 核酸内切酶为基础的信号放大技术（NESA）[92] 以及利用聚合酶的滚环扩增技术（RCA）[93] 等都可被应用于 ECL 传感器。

Wu 等利用核酸外切酶催化进行靶分子回收并通过 HCR 进行信号放大设计了一个用来检测凝血酶的 ECL 传感器。在凝血酶存在时，适配体与凝血酶结合后从双链脱落并被酶解，靶分子被释放进入信号放大循环。此法对凝血酶的最低检测限为 0.23 pmol/L[91]。Zhang 等构建了一个 Pb^{2+} 诱导的基于 DNA 酶和聚合酶的滚环扩增技术的电化学发光传感器对 microRNA（miRNA）进行检测，检测限可低至 0.3 fmol/L[93]。

1.3.5 基于适配体的比色传感器

比色传感器是在被检测物存在时，可以对颜色变化直接进行观察的方法。比色适配体传感器通常利用 AuNPs 和 G– 四链体 – 氯化血红素（hemin）DNA 酶产生可检测信号。试纸比色因其价格便宜，诊断快速稳定、良好的特异性和敏感度也仍被沿用。

1.3.5.1 利用 AuNPs 的比色传感器

被应用在比色传感器中的 AuNPs，在不同的溶液状态下会呈现不同的颜色。分散良好时，其溶液呈红色，当其聚集时，溶液呈蓝色或紫色。基于上述特点，AuNPs 已被应用于 ATP[94]、磺胺地托辛 [95]、病原体 DNA[96] 、癌细胞 [97，98] 等物质的检测中。

Yuan 等通过将修饰有生物素的适配体固定在被亲和素覆盖的微孔板上，并利用酪胺信号放大技术构建了一个检测金黄色葡萄球菌的适配体比色传感器。当金黄色葡萄球菌存在时，会与适配体结合，在酪胺信号放大技术的作用下过氧化物氢化酶会与金黄色葡萄球菌的表面结合，从而引起 H_2O_2 的消耗。由于 H_2O_2 的减少，AuNPs 聚集，呈蓝色。无金黄色葡萄球菌时，H_2O_2 浓度较高，AuNPs 呈分散状态，显红色。利用此方法实现了对金黄色葡萄球菌的高灵敏度检测，并且此方法可用于对牛奶中的金黄色葡萄球菌的检测 [99]。

研究发现水溶性阳离子聚合物可以促进 AuNPs 聚合。在利用核酸的比色传感器中，因阳离子聚合物与核酸之间的反应，通过水溶性阳离子聚合物诱导的 AuNPs 聚合要比盐诱导的 AuNPs 聚合更灵敏。基于上述原理，Chen 等利用 AuNPs 构建了一个新型的免标记比色传感器用于对凝血酶进行高灵敏检测。无凝血酶时，呈随机卷曲结构的适配体可与阳离子聚合物反应并与其形成双链结构。从而导致阳离子聚合物无法诱导 AuNPs 聚合。当凝血酶存在时，凝血酶与适配体的结合会阻止适配体与阳离子聚合物的反应，所以阳离子聚合物会去诱导 AuNPs 聚合，导致溶液由肉眼可见的酒红色变化为蓝紫色。此方法在有其他蛋白的干扰下，对凝血酶的最低检测限也可达到 1 pmol/L[100]。利用相似的方法，Taqhdisi 团队对 Pb^{2+} 实现了快速检测，最低检测限达到 702 pmol/L。而且，利用此法他们对人血清、鼠血清和自来水中的 Pb^{2+} 进行了检测，结果令人满意[101]。

Niu 等利用多种适配体作为 AuNPs 的稳定剂，构建了一个可同时检测磺胺地索辛、卡那霉素和腺苷的适配体传感器。磺胺地索辛适配体（250 nmol/L）、卡那霉素适配体（750 nmol/L）和腺苷适配体（500 nmol/L）等体积混合，因静电相互作用适配体会吸附在 AuNPs 的表面，从而实现了多种物质的检测[102]。基于 AuNPs 聚合的原理，三螺旋分子开关也可被应用于适配体比色传感器，此传感器对于四环素的最低检测限达到 266 pmol/L[103]。

此外，AuNPs 不仅可以用来作为比色传感器中的信号探针，还可以通过直接催化反应实现对物质的可见检测。利用 AuNPs 的催化放大作用，Chen 等构建了一个检测凝血酶的简单、经济和超灵敏的比色方法。该方法首先将巯基化的凝血酶适配体通过 Au–S 交互作用固定在 AuNPs 表面，无凝血酶时，黄色的 4– 硝基酚接近 AuNPs 表面，变为无色的 4– 氨基酚。凝血酶存在时，适配体与凝血酶形成的复合物覆盖在 AuNPs 表面，从而导致 4– 硝基酚转变为 4– 氨基酚需要的时间延长。此方法可通过肉眼观察的最低检测限为 0.1 nmol/L。利用此法检测人血清样本中的凝血酶，检测结果与缓冲液一致[104]。

1.3.5.2　利用过氧化物酶或类过氧化物酶的比色传感器

与辣根过氧化酶（HRP）相似，hemin–rGO[105]、G– 四链体 /hemin DNA 酶[106–109]、G– 四链体 /Cu（Ⅱ）金属酶[110] 和 AuNPs[111，112] 在 H_2O_2 存在的情况下，也可以催化 2，2′– 二氮 – 双（3– 乙基苯并噻唑 –6– 磺酸）（ABTS）或者四甲基联苯胺（TMB）引起颜色变化。

Guo 等首次利用湿化学法将 hemin– 石墨烯通过 π – π 反应杂交成纳米片。用上述方法取得的纳米片不仅可以将 ssDNA 和 dsDNA 进行区分，并且可对过氧化物酶类物质的反应进行催化，所以被应用于比色传感器中检测与疾病相关的 DNA 的多态性[113]。Yang 等利用同样的纳米片设计了比色传感器，用于啶虫脒的测定。加入不同浓度的啶虫脒，适配体会被结合形成啶虫脒 /

适配体复合物，而没有结合的适配体被吸附在 hemin–rGO 表面形成适配体 / hemin–rGO 复合物。通过离心，没有结合的 hemin–rGO 会分布在溶液上层去催化氧化四甲基联苯胺从而显示肉眼可见的亮蓝色并具有较低的吸光度。通过 UV– 可见分光光度仪检测的最低检测限为 40 nmol/L[107]。

Wu 等利用 G–quadruplex/Cu（Ⅱ）金属酶复合物构建了一个比色传感器用于组氨酸和半胱氨酸的高灵敏度检测[110]。Cu^{2+} 可促使 G–quadruplex/Cu（Ⅱ）金属酶复合物的形成。G–quadruplex/Cu（Ⅱ）金属酶复合物在存在 H_2O_2 的情况下，可以高效催化四甲基联苯胺的氧化反应。当组氨酸和含硫半胱氨酸与 Cu^{2+} 接近时，可阻碍 G–quadruplex/Cu（Ⅱ）金属酶复合物的形成，减少了四甲基联苯胺的氧化。

1.3.5.3 利用试纸的比色传感器

纳米材料通常被用来组装比色试纸条。Qiu 等利用此方法对 DNA 序列进行检测，肉眼可视下，最低检测限为 0.1 nmol/L[114]。Li 团队将 DNA 酶作为分子识别元件，尿素酶作为信号转换器，用石蕊试纸对大肠埃希菌（*Escherichia coli*）进行了检测。尿素酶可以催化尿素水解，提高溶液的 pH 值。将尿素酶与 DNA 酶结合到磁珠上，大肠埃希菌存在时，pH 值上升，可利用石蕊试剂或试纸进行检测[115]。

Tao 等利用 Cd^{2+} 适配体构建了一种基于 MoS_2 纳米复合材料的 Cd^{2+} 比色传感器。生物素修饰的 Cd^{2+} 适配体通过生物素 – 亲和素的亲和力被固定在微孔板的底部。同时，使用具有显色 TMB 的过氧化物酶样活性的功能化的互补链 CsDNA–Au–MoS_2 作为信号传感器。利用该传感系统进行检测线性范围为 1 ～ 500 ng/mL，最低检测限为 0.7 ng/mL[116]。

Zhang 等构建了一个基于三明治结构的电化学比色法双模生物传感器，用于检测心肌肌钙蛋白 I（cTnI），且制备了一个表位磁性 MIP 来识别 cTnI。其利用适配体与 Fe^{3+}– 聚多巴胺（Apt@Fe^{3+}–PDA）构建了一个分子信标，在酸性条件下 Apt@Fe^{3+}–PDA 释放出 Fe^{3+} 并进一步转换成普鲁士蓝。普鲁士蓝的含量与 cTnI 浓度成正比，加入黄色的 $K_3[Fe(CN)_6]$ 从而产生电化学信号和颜色变化。该传感器检测的线性范围是 10 pg/mL ～ 1.0 μg/mL，最低检测限是 7.4 pg/mL[117]。

1.3.6 基于适配体的表面等离子共振（SPR）传感器

在 SPR 适配体传感器中，表面等离子体被作为探针用来检测因传感器表面的反应引起的折射率变化。利用塑料光纤构建的用于 VEGF 检测的适配体 SPR 传感器是最早的适配体 SPR 传感器。该传感器实现了对 VEGF 的快速、方便、经济的检测，最低检测限达到 0.8 nmol/L[118]。

Wang 等利用 AuNPs 和超级 DNA“三明治”结构设计了 SPR 传感器用于 microRNA 的高灵敏检测。此方法通过将 AuNPs 修饰的 DNA 作为初级放大元件与捕获 DNA 在金薄膜上杂交，从而实现 SPR 信号的双重放大。此法对 microRNA 的最低检测限为 8 fmol/L，且可识别人血清中单碱基错配的 DNA[119]。

表面等离子体共振成像是一种通过将靶分子固定在一个薄的有金属镀层的表面来检测折射率的高灵敏度、免标记方法。通过此方法对 C 反应蛋白的最低检测限可达到 7 zmo/L[120]。

1.3.7 基于适配体的表面增强拉曼散射（SERS）传感器

与普通的拉曼光谱相比较，SERS 可将信号增强约 10^{-6} ～ 10^{-4} 倍。Zengin 等利用银纳米颗粒标记的 4，4′- 联吡啶和蓖麻毒蛋白 B 链（RTB）适配体构建了一个 RTB 传感器，检测限可低至 0.32 fmol/L。应用此标准曲线对人工污染的橙汁、牛奶、血液和尿液样品检测后可得到相似的结果[121]。Duan 等利用 SiO_2@AuNPs 作为基底，Cy3 修饰的适配体作为识别元件构建了副溶血弧菌传感器，经过条件优化，最低检测限可达 10 cfu/mL[122]。

Fu 等基于 SERS 设计了一个用来检测人免疫缺陷病毒 1 型（HIV-1）的 DNA 标志物胶体金检测卡，此方法通过对检测线上 DNA 共轭 AuNPs 的特征性拉曼峰强度进行监测实现对 HIV-1 的 DNA 标志物的高灵敏度检测，检测最低限达到 0.24 pg/mL[123]，与比色法和商业化的荧光法相较，至少提高 1000 倍。

另外，Zhang 等设计了一个可对鼠伤寒沙门氏菌和金黄色葡萄球菌进行多重检测 SERS 的传感器。此传感器利用 AuNPs 包裹的磁性 Fe_3O_4 纳米粒子与适配体结合作为捕获探针来增强信号，实现对鼠伤寒沙门氏菌和金黄色葡萄球菌的高灵敏度、高选择性和快速检测[124]。

Chen 等采用 RCA/SERS 联合策略通过检测大肠杆菌中甲基转移酶催化

的胞嘧啶鸟嘌呤序列，确定了 DNA 的甲基化。在等温条件下，首次通过加入甲基转移酶将 ssDNA 与拉曼报告分子进行滚环扩增。然后在聚腺嘌呤组装过程中，Si 固定的 Au–Ag NPs 由于腺嘌呤与 Au–Ag 表面的强亲和力而产生增强的拉曼信号[125]。Wang 等开发了一种被 DNA 水凝胶包裹的免疫球蛋白作为辅助的适配体生物传感器，用于检测人肝癌的重要生物标志物 α－甲胎蛋白（AFP）。免疫球蛋白被包裹在 DNA 水凝胶中。加入 AFP 溶液后，AFP 适配体通过适配体－靶标相互作用与靶标结合，导致 DNA 水凝胶结构解体，使免疫球蛋白释放，从而产生拉曼信号。此传感器的最低检测限为 50 pg/mL[126]。Ning 等设计了一种由 Au/Ag/Ag 双壳纳米标签修饰的 DNA 探针，用于检测 LNCaP、SKBR3 和 HepG2 细胞的癌性外泌体。磁珠与外泌体蛋白特异性适配体进行结合，在添加纳米标签后形成初始免疫复合物。在外泌体蛋白存在时，由于外泌体蛋白质－适配体复合物与磁珠的亲和性吸附，纳米标签被释放出来，从而引起拉曼信号的降低，实现对癌性外泌体蛋白的高灵敏度检测[127]。

Li 等将构建了一个利用 DNA 酶进行信号放大的传感器用于检测癌细胞中的端粒酶。当端粒酶－核苷酸混合物存在时，端粒酶引物延伸并合成含有端粒酶重复单元的单链 DNA。这些重复单元（TTAGGG）催化了熵驱动的电路反应，用于催化磁珠上的发夹结构的形成[128]。Song 等构建了高级联信号放大的 SERS 传感器，通过局部催化发夹组装与杂化链式反应对 DENV 基因进行了检测[129]。Yao 等利用 CO 分子与 $HAuCl_4$ 反应合成了 AuNP 去增强 VBB 传感器的 SERS 信号和雷利散射信号，然后研究了用柠檬酸盐参与的 Au 的共价有机框架的催化反应并将其用于有机分子，如 ATP、尿素、雌二醇的传感器的构建[130]。

1.3.8 基于适配体的重力传感器

DNA、蛋白质和细胞等生物分子的结合可以产生质量的变化，可产生与样品中被分析物成比例的可测信号。

Chen 等将肝癌细胞 HepG2 的适配体固定在四个微悬臂梁的金侧上构建了一个免标记的微悬臂梁阵列适配体传感器来检测肝癌细胞。适配体与细胞结合后，微悬臂梁表面重力发生变化，此变化会促使微悬臂梁向硅侧倾斜，从而实现对肝癌细胞的检测。此方法具有很高的选择性，不仅能区分人正常干细胞，还能区分乳腺癌、膀胱癌和子宫颈癌等癌细胞，最低检测限可达 300 cells/mL[131]。

1.4 基于氧化石墨烯（GO）的生物传感器

1.4.1 GO 的特点

单层 GO 是石墨经化学方法强氧化后再分解得到的，由单层的碳原子紧密堆积形成的二维晶体。GO 表面含有羟基、环氧基、羧基、苯环、内酯基及醌基等多种功能团 [132–135]。其中亲水性极性含氧基团不仅使 GO 在溶剂特别是水中呈现良好的分散性 [136–138]，而且使 GO 能稳定地分布在不同的基质上。同时 GO 在能量转移中，可作为优良的能量受体，能量可以从染料转移到 GO 上，染料的荧光遂被猝灭 [139]。另外，GO 不仅可以通过表面化学增强机制增强拉曼信号 [121]，而且具有类似过氧化物酶的催化活性 [140]。GO 还具有电活性特征，可实现可逆的电还原和氧化 [141]。基于 GO 的上述特性，GO 被越来越多地应用到荧光传感器中对核酸、小分子以及蛋白质进行检测。

1.4.2 GO 与核酸的相互作用

因 GO 表面积大，所以其可通过 $\pi-\pi$ 堆积作用结合 ssDNA。Patil 小组对 DNA 在 GO 溶液中的作用机理进行了研究，发现 DNA 与 GO 可通过静电作用进行结合，并且 ssDNA 的结合力明显强于双链 DNA[142]。Lu 等通过研究发现，GO 可以与结合了荧光团的 ssDNA 进行结合并猝灭其荧光，但是对于双链 DNA 或者 ssDNA 的二级和三级结构作用较小 [143]。He 等对 GO 与不同类型 DNA 的相互作用进行了分子动力学模拟 [144]。Wu 等通过研究发现短链 DNA 结合在石墨烯上的速度更快，结合力更强 [145]。Cui 小组对 ssDNA 结合在 GO 上的能力和稳定性进行了研究。结果表明，ssDNA 可以稳定结合在

GO 的表面，且这种结合可以有效地防止 DNA 被酶切[146]。基于上述研究结果，ssDNA/ssRNA–GO 被广泛地应用于生物传感器中。

ssDNA 是通过 π–π 堆积作用与 GO 进行结合的。一些研究表明氢键和范德华力也可以使 DNA 结合到 GO 表面[147, 148]。Lei 等发现双链 DNA 在高浓度盐存在的情况下，也能与 GO 进行结合[149]。Zhao 等运用分子动力学对水溶液中双链结合到 GO 表面的反应进行了研究。结果表明 dsDNA 可以通过末端碱基对与 GO 的 π–π 堆积作用与 GO 进行结合[132]。但是，因为在此模拟中没有考虑石墨烯及衍生物的反离子和电荷，所以静电作用和氢键作用没有被涉及。随后 Tang 等对 DNA 和 GO 的作用进行了系统的研究，发现 dsDNA 和 GO 的作用可能与双螺旋结构部分解开有关，其中主要的作用力是 DNA 末端碱基与碳环之间的 π–π 堆积作用，而氢键增强了 GO 中含氧基团和 DNA 碱基之间的作用[150]。

大量研究证明，核酸结合在石墨烯或其衍生物表面后，可以有效地防止核酸被酶解。Tang 小组和其他研究小组研究表明，使核酸结合到 GO 表面可以有效地防止脱氧核糖核酸酶（DNAse I）对核酸的酶解[151]，而且保护作用可以通过改变盐的浓度来进行调节[149]。在低盐条件下 ssDNA 与 GO 结合后不会被酶解，而没有被吸附的 dsDNA 会被酶解。当盐浓度升高后，dsDNA 会被吸附到 GO 表面，有效地防止被 DNAse I、核酸内切酶 EcoR I，特别是核酸外切酶Ⅲ的酶解。

另外，与传统的有机猝灭剂相比，GO 对有机染料和量子点的猝灭效率更为高效，猝灭距离可达到 30 nm[150–156]。

1.4.3 基于 GO 的荧光生物传感器

GO 作为猝灭剂，因其具有两亲性，所以具有很强的吸附能力，不仅可以通过 π–π 作用力吸附含芳香环的疏水性分子，也可以通过氢键吸附亲水性物质。如果吸附的物质连接有荧光染料，GO 可以进行能量转移，从而导致荧光猝灭，背景信号降低。标记有荧光基团的 DNA 或 RNA 探针首先会被吸附在 GO 表面，引起荧光猝灭。接着靶分子的添加，会使核酸被解吸附，荧光团与 GO 距离增大，荧光恢复。基于此原理，利用荧光基团标记的互补核苷酸或适配体作为识别单元 GO 荧光传感器，被广泛应用到 DNA、蛋白质和其他的小分子的检测。

1.4.3.1 基于适配体的 GO 荧光传感器（FRET）

2016 年，通过修饰适配体，Apiwat 等利用 GO 构建了一个诊断和监测糖尿病人糖化白蛋白的适配体荧光传感器。该方法利用的是一个包含发夹结构的，并且可以与糖尿病标志物糖化白蛋白结合的适配体。经过条件优化，该传感器的最低检测限为 50 μg/mL[35]。以此为基础，Zhang 等将尺寸效应引入到传统适配体传感器中，通过控制 GO 的纳米尺寸来提高传感器性能构建了一个可进行精确控制的新型荧光传感器[157]。Zhang 等设计了一个基底包括 GO/aptamer 的纸基微流控装置，实现了对食品中的多种化学污染物进行同时、多路复用检测[158]。Li 等构建了一个在玻璃纤维纸基上结合 GO 和荧光染料修饰的适配体的传感器[159]。

适配体荧光传感器的研究不仅集中在分子水平的检测，而且延伸到细胞水平的应用。Viraka Nellore 等利用适配体和 GO 构建了一个可以有效捕获并识别多种类型循环肿瘤细胞的传感器。该传感器可从多种类型的肿瘤细胞中捕获循环肿瘤细胞，具有良好的选择性[160]。

1.4.3.2 基于非有机染料标记的 GO 荧光传感器

为了克服传统荧光染料成本高、光稳定性差等缺点，碳点（CD）和上转换纳米粒子被应用于传感器中。因其易合成、反应过程简单和高光稳定性，碳点被认为是一种良好的荧光标记染料[161-163]。2015 年，Cui 等用 CDs 标记的寡脱氧核糖核苷酸和 GO 构建了一个用于重金属 Hg^{2+} 的高灵敏度和高选择性检测的传感器。该传感器对 Hg^{2+} 的最低检测限达到 2.6 nmol/L[164]。

稀土上转换发光材料在光激发时，不仅可以发射比激发波长短的光，而且其吸收的光子能量低于发射的光子能量[165]。2015 年，Alonso-Cristobal 等利用 GO 和上转换材料构建了一个传感器用于 DNA 检测。目标 DNA 的存在，可以使 DNA 功能化的上转换纳米粒子远离 GO 并发出强荧光。此方法的最低检测限是 5 pmol/L[166]。

1.4.3.3 基于非共价标记的 GO 荧光传感器

金属纳米团簇因其荧光性质，可以被用来组装非共价标记的荧光传感器。其中银纳米簇因其固有的高量子产率和光稳定性被广泛使用[167]。He 等利用“Y”状 DNA 模板的臂捕获银离子组成纳米团簇状结构和 GO，设计了一个检测 miRNA 的传感器。该传感器在无目标 miRNA 时，“Y”状 DNA 中的单链环状部分可以被 GO 吸附在表面，荧光强度很低。但存在目标 miRNA 时，目标 miRNA 会因与“Y”状 DNA 形成了双链而不被 GO 吸附，导致荧光恢复[168]。

2015 年，Liu 等用脂质体包裹卟啉作为探针，对靶酶的膜孔转化活性进行了检测。由于靶酶可以将脂质体膜破坏，卟啉泄漏，并被 GO 吸附，所以荧光猝灭[169]。Li 等利用手性钌配合物与 GO 的反应，设计了一个适配体传感器对凝血酶进行了检测，该体系可以对稀释牛血清样品中的凝血酶进行高选择性和高灵敏度的检测[170]。

1.4.3.4 基于生物酶的 GO 荧光传感器

利用生物酶的循环信号放大法，如滚环扩增法、聚合酶链式反应、连接酶链反应等可以使荧光信号强度显著增强。Ju 等构建了一个利用核酸外切酶Ⅲ进行信号放大的免标记传感器，用于对 DNA 进行检测[171]。Cui 等将此方法与 GO 结合后应用于 miRNA 的多路复用检测中[172]。Zhu 等构建了一个基于滚环扩增法并利用 GO 的传感器，用于检测单核苷酸多态性[173]。2016 年，Hong 等设计了一个新型的基于滚环扩增法和 GO 的荧光传感器用于检测 miRNA，该传感器的最低检测限低至 0.4 pmol/L[174]。

2015 年，Li 等利用 Nicking 核酸内切酶和 GO 构建了一个信号放大型荧光适配体传感器。该传感器利用裂开型分子信标，对生物样品中的血管内皮生长因子和 ATP 进行了高灵敏度检测，检测最低限分别达到 1 pmol/L 和 4 nmol/L。由于 Nicking 核酸内切酶的使用，该传感器中适配体在信号放大过程中更加稳定，而且降低了背景假信号[175]。

脱氧核酶（DNAzyme）是一类由 DNA 组成的酶。1994 年，Breaker 和 Joyce 研究发现脱氧核酶可以识别底物核酸的特殊序列，并且催化水解反应[176]。Zhao 等首次通过有机染料标记的脱氧核酶进行底物杂交，构建了一个用于检测 Pb^{2+} 的 GO 传感器[177]。2015 年，Wang 等利用 RNA 裂解嵌合 DNA 酶（RCDzyme）构建了一个基于 GO 的酶信号循环放大的传感器，用于铀的检测。该传感器利用富 G 序列替代铀酰特异脱氧核酶的部分序列。脱氧核酶不仅作为目标识别元件，还是信号扩增的引物。当铀存在时，脱氧核酶的底物链被裂解并与另外一个底物链杂交，从而引起重复裂解循环。富含鸟嘌呤的寡核苷酸片段形成的 G- 四链体会与 NMM 结合，从而导致荧光大幅增强。利用 GO 吸附游离 ssDNA 和 NMM 后，最低检测限可达到 86 pmol/L[178]。

1.4.4 基于 GO 的激光解吸 / 离子化质谱（LDI/MS）生物传感器

利用 GO 构建 LDI/MS 生物传感器的方法如下：①基于 GO 合成一个在增强激光能量吸收的效率和减少干扰方面要优于 GO 的复合材料[179, 180]。

②对 GO 表面进行利于特异性结合的修饰。通过对 GO 表面修饰特定探针来提高 LDI/MS 传感器的选择性和灵敏度[181，182]。

1.4.4.1 基于复合材料的 GO LDI/MS 传感器

2010 年，Lee 等首次将 GO/ 碳纳米管复合薄膜作为可以有效进行能量吸收和传递的基质[179]。利用此复合薄膜，磷脂酶产生的小分子可以通过 LDI/MS 进行检测。Kim 等将 GO 与多壁碳纳米管进行混合后，产生的复合物可通过增加吸收被分析物的表面和提高激光解吸效率，来对组织进行解吸电离质谱成像[180]。但是，激光的高强度能量产生的碳纳米材料的碎片会提高背景信号。因此，通过增强能量吸收和激光解吸效率来减小背景信号至关重要。针对此问题，Gamez 等利用溶胶－凝胶结构的多孔性有效地降低了背景信号[183]。因为溶胶－凝胶结构的多孔性使复合物和被分析物可以有效接触，并使激光能量转移到分析物上。另外，当石墨材料与多孔的硅溶胶－凝胶膜结合后，可有效降低背景信号。

1.4.4.2 基于目标探针表面修饰的 GOLDI/MS 传感器

GO 既可以作为能量转移的媒介，也可以通过共价修饰靶特异性探针对靶标进行选择性捕获。以此理论为基础，Gulbakan 等首次构建了一个适配体共轭结合 GO 的平台，可选择性地富集靶标并进行质谱分析[182]。2015 年，Wang 等构建了抗体功能化的 GO 纳米带，用于检测人血清和湖水中的氯霉素[185]。Zhang 等对含邻二醇的小分子进行了富集和分析检测[172]。在此设计中，GO 被用 4– 乙烯基硼酸修饰后，来选择性识别邻二醇类化合物（儿茶酚、腺苷、胞苷、鸟苷）。另外，此方法还被成功应用于对尿液中的邻二醇类化合物的检测。Zheng 等通过用羟乙基甲基丙烯酸酯修饰 GO，实现了对多巴胺的检测[186]。

2015 年，Huang 等利用多化合价的适配体 /AuNPs，通过质谱成像对肿瘤组织进行了检测。黏液素 1 是在大多数腺癌患者体内高表达的肿瘤标记物。该方法将与 AuNPs 结合的黏液素 1 适配体固定在 GO 表面，通过适配体与 GO 之间的 π－π 反应实现对黏液素 1 的检测[187]。

1.4.5 基于 GO 的 SERS 传感器

GO 是一种具拉曼活性的探针分子，具有特征性的拉曼光谱。GO 可通过吸附在表面的拉曼探针的化学增强效应来增强拉曼信号。基于上述特点，GO

被认为是一种良好的表面增强拉曼散射的基质。

1.4.5.1 GO 作为拉曼活性探针分子

GO 与金属纳米粒子结合可以增强拉曼信号。贵金属 AuNPs 常被用来与 GO 结合作为增强拉曼散射的细胞成像剂，但该复合物的合成过程比较复杂。2015 年，Kim 等报道了用 GO 作为金的还原剂和稳定剂，实现了简单的一锅法合成，用于细胞成像剂的 Au@GO 纳米胶体粒子的方法 [188]。

1.4.5.2 GO 作为 SERS 的基质

2012 年，Demeritte 等构建了一个利用 GO 复合结构对全血中阿尔茨海默病生化标志物进行免标记、高选择性分离检测的拉曼生物传感器 [189]。此传感器通过将抗体与 GO 结合后增强拉曼信号，并利用金壳进行协同增强来对靶标进行分离和富集。

1.4.6 基于 GO 的电化学传感器

GO 具有类似可逆电氧化还原的电活性特性，而还原氧化石墨烯（rGO）有跟石墨烯相似的低电荷转移电阻和良好的电化学性能 [190]。所以，GO/rGO 可用来构建电化学生物传感器。基于 GO 的电化学传感器可用来检测酶活性、DNA、蛋白质和癌细胞。

1.4.6.1 利用 rGO 作为电化学活性分子进行富集的电化学传感器

当 rGO 附在电极上时，会因电化学反应产生电化学信号。2015 年，Chen 等利用 rGO 设计了一个灵敏的细胞凋亡检测体系。该体系将 N 端乙酰化肽基质固定在金电极上，当来源于凋亡细胞的半胱天冬酶 –3 存在时，基质的活性胺端被水解释放，然后与 rGO 结合。亚甲蓝可以通过 $\pi-\pi$ 与 rGO 相互作用，从而放大信号。该传感器系统对人肺癌细胞凋亡情况进行了检测，检测到的细胞凋亡的最低检测限为 0.06 pg/mL[191]。

1.4.6.2 利用 rGO 合成复合材料的电化学传感器

为了提高基于 GO/rGO 的电化学生物传感器的性能，研究者提出用导电材料来制备复合材料。Liu 等设计了一种利用 GO 制备复合材料的放大型电化学发光传感器，对五氯苯酚进行高灵敏度检测 [192]。Benvidi 等将无机纳米粒子与 rGO 结合后构建了一个电化学传感器[193]，此传感器利用 ssDNA/AuNP/rGO 修饰的玻璃碳电极对靶 DNA 进行了高选择性检测。另外，由壳聚糖、鱼骨状的 Fe_2O_3 和还原 GO 组成的复合物具有优良的电催化活性，被用来构建对没食子酸进行高灵敏度检测的传感器[194]。

1.4.6.3 基于特异性探针修饰的电化学传感器

为了增强传感器的选择性，Li 等将分子印迹法应用到电化学传感器中设计了一个高灵敏度和高选择性的晚霞黄电化学传感器。与传统传感器相比，该传感器缩短了结合时间，并减弱了导电性。该体系对食品添加剂晚霞黄的最低检测限为 2.0×10^{-9} mol/L[195]。2016 年，Zhang 等通过利用 GO/AuNPs/ 抗体修饰的电极设计了一个双信号电化学免疫传感器对 IgG 进行检测。此传感器可以对来源于与抗体共轭结合的 AgNPs/ 碳纳米复合材料的直接氧化电流和来源于对苯二酚的间接还原电流进行监测，从而实现对 IgG 的检测，且利用此传感器可对血清中的人 IgG 进行检测，最低检测限可达到 0.001 ng/mL[196]。在此基础上，Ali 等构建了由介孔 rGO 和氧化镍组成的阿朴脂蛋白 B100 功能化的纳米复合材料，用于对低密度脂蛋白分子进行高灵敏度检测[197]。

1.4.7 基于 GO 的比色传感器

与天然酶相比，GO 具有更高稳定性的内在过氧化物酶样活性。GO 可以为过氧化物酶样物质的组装提供表面来提高稳定性和催化活性。探针修饰的 GO 可被用来建立靶向特异性的比色生物传感器。在过氧化物酶底物 H_2O_2 和四甲基联苯胺共同存在时，GO 可利用氧化型四甲基联苯胺产生蓝光。

基于 GO 的比色生物传感器主要由纳米复合过氧化物酶类的纳米粒子组成，以提高传感器的灵敏度。2015 年，Zhang 等提出了一种基于靶分离和 GO/PtAuNP 催化活性的超灵敏、选择性的三磷酸腺苷（ATP）生物传感器。ATP 既与 GO/PtAuNP 修饰的适配体结合，又与连接了磁珠的适配体结合。经结合形成的复合物经过磁分离后，可与 H_2O_2 和四甲基联苯胺反应呈现蓝色。该传感器的最低检测限为 0.2 nmol/L，低于其他 ATP 的比色传感器。另外，用肉眼可以清晰地分辨出 50 nmol/L 的颜色变化[198]。Chau 等设计了一个基于 Pt/rGO 的检测特定 DNA 序列的比色传感器。当靶 DNA 与 Pt/rGO 上的探针杂交时，纳米复合材料会因盐诱导而聚集，离心后剩余的纳米复合材料呈现蓝色[199]。

1.5 基于脱氧核酶的传感器

脱氧核酶（DNAzyme）是一类在辅助因子存在时，可以切割特异性底物的催化核酸。可通过体外选择来实现对多种分析物的识别，且不需要使用动物或细胞。脱氧核酶不仅合成成本相对简单、低廉，而且易于修饰和功能化。

1994 年，Breaker 和 Joyce 通过体外筛选发现了第一种脱氧核酶，它能够在铅存在时催化酯交换反应，从而证明脱氧核酶与蛋白质相似，ssDNA 可以作为催化剂[176]。从此开始，越来越多的脱氧核酶被发现，并催化各种生化反应如 RNA 裂解[200]、DNA 裂解[201]、连接[202]或磷酸化反应[203]。其中，被广泛应用的具有 RNA 切割活性的脱氧核酶，是由一条作为切割位点的 RNA 单链作为底物链和由一个催化中心和两条侧臂组成的酶链构成（图 1–3A）。

脱氧核酶对底物链具有较高的特异性，即使是反义臂的单碱基错配也会使其切割活性显著降低。所以，因其结合臂设计的高灵活性，及其在底物识别和多重酶促转化的特异性，脱氧核酶不仅在传感器中可作为通用的识别元素和优秀的信号放大器，而且在以 mRNA 为靶标的脱氧核酶治疗方面也具有应用潜力。在所有的脱氧核酶中，10–23 型和 8–17 型作为能切割所有 RNA 底物的脱氧核酶，只需在两个结合臂形成稳定的双螺旋的条件下就能进行反应。以 10–23 型为例，10–23 脱氧核酶的催化效率约为 10^9 mol/（L · min），比最活跃的核酶高约 100 倍，而且在生理条件下 10–23 脱氧核酶的稳定性为核酶的 10 000 倍。

另一种被称为 G– 四链体 –DNA 酶的 DNA 酶，其富 G 序列在 K^+、Pb^{2+} 或者 NH_4^+ 的情况下会折叠成平行的或反平行的 G– 四链体。G– 四链体 –DNA 酶可采用血红素来模拟过氧化物酶活性[204]并选择性催化鲁米诺 /H_2O_2 产生化学发光[205]或者氧化 ABTS 产生颜色变化（图 1–3B）[188]。此类酶通常在比色生物传感器中被用作识别元件，或用作信号放大的特殊标记用来对 K^+、Pb^{2+} 进行检测。

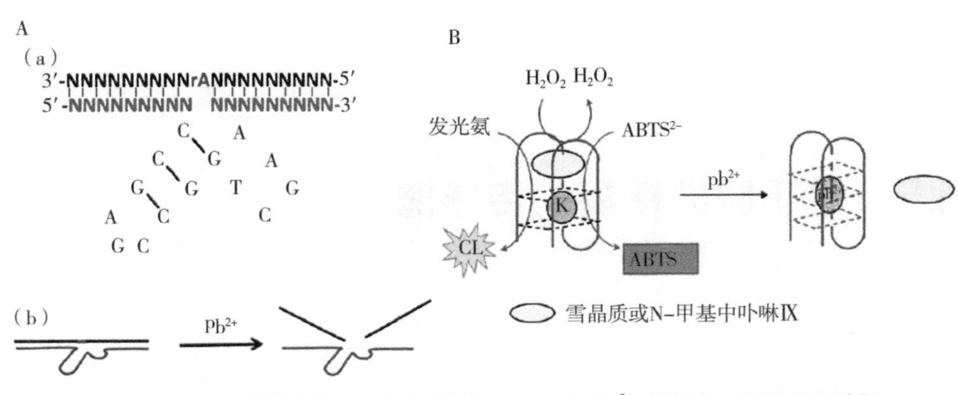

图 1-3 (A) (a) 脱氧核酶的二级结构（8–17)。(b) Pb^{2+} 存在时，底物链的裂解；(B) HRP–mimicking DNAzyme or G4–DNAzyme 的形成 [207]

1.5.1 基于脱氧核酶的荧光传感器

设计基于 RNA 切割活性脱氧核酶荧光探针，最常见的方法是引入荧光基团 – 猝灭基团（F–Q）对来检测分析物。荧光基团 – 猝灭基团在被催化裂解之前会很接近，但在底物被切割后，荧光基团与猝灭基团会被分开，所以荧光基团会被释放并产生荧光信号。荧光基团与猝灭基团的位置通常有以下设计方法如图 1–4 所示。首先可以通过将荧光基团与猝灭基团修饰在底物链的两端来降低背景荧光（图 1–4a），也可以将荧光基团与猝灭基团修饰在结合臂末端的裂解位点旁侧（图 1–4b）。为了缩短彼此之间的距离，也可以把它们放在同一条线上，但在不同的链上（图 1–4c）。其他方法还包括将酶的一部分延长作为模板，将荧光基团靠近猝灭基团（图 1–4d）。还可以通过在底物链的另一端引入另一个猝灭基团（图 1–4e），或者使用 AuNPs 和 CNTs 等纳米粒子作为猝灭基团（图 1–4f）来对被分析物进行检测。

通过将荧光基团和猝灭基团放置在同一侧，Lu 等设计了一个在 4℃时荧光背景很低的 Pb^{2+} 传感器。但是，如果核酸链没有完全杂交，在高温时荧光背景很高。当底物的另一端引入第二个猝灭剂时，即使酶和底物链分离，荧光背景仍然很低。因此，该系统不受温度限制，已成功应用于 Cu^{2+} 和 UO_2^{2+} 传感器中 [208]。但上述设计中，DNA 酶链既作为催化剂，又是猝灭剂，或者为了保持有效的猝灭，必须有相同或过量的酶链。Zhang 和 Lu 提出将高猝灭效率的分子信标（MBS）与催化信标结合进行多重酶转换 [209]。基于分子信标的底物链呈现较低的背景荧光和良好的信噪比，不作为猝灭剂的 DNA 酶链，可作为多重转化酶实现对信号的扩增（图 1–4g）。利用催化分子信标传感器可以对 Pb^{2+} 进行检测，最低检测限达到 600 pmol/L，远低于其他的 Pb^{2+} 催化信标传感器。Gianneschi 团队通过染料标记的 DNA 刷共聚物表面活性剂的组装制成了 DNA 纳米粒子胶束（图 1–4h）作为超分子荧光底物，来克服普通的 ssDNA 底物的产物抑制的局限性，且脱氧核酶的催化活性大大增强 [210]。从随机序列 DNA 库中还可以分离出底物不同于辅助因子的新型的脱氧核酶，以切割靠近切割位点具有荧光基团 – 猝灭基团修饰的底物。Li 等进行了几次体外筛选，以获得能够检测细菌的荧光脱氧核酶探针（图 1–4i）。他们筛选出一种高灵敏度和选择性的大肠杆菌荧光性脱氧核酶探针，并证明该探针可以检测单个活细胞 [211]。

以有机分子为猝灭剂的脱氧核酶荧光传感器常荧光猝灭不完全，且不易消除与脱氧核酶进行退火时发生杂交的底物。AuNPs、金纳米棒（GNRs）、碳纳米管（CNTs）和 GO 可被作为荧光猝灭材料应用在传感器中来解决这些问题。Chung 等将荧光素标记的基底通过巯基连接固定化在纳米金上，使近 100% 的荧光猝灭 [213]。该方法可在 20 min 内检测到低至 5 nmol/L 的 Pb^{2+}，而且不需要预处理和后处理。Wang 等报道一个基于 GR–5 脱氧核酶的 “turn–on” 铅荧光传感器，研究表明 GR–5 对 Pb^{2+} 具有更高的选择性 [214]。Wang 团队利用 8–17 脱氧核酶设计了一种高灵敏度的基于金纳米棒的荧光传感器，对铅检出限可低至 61.8 pmol/L[215]。

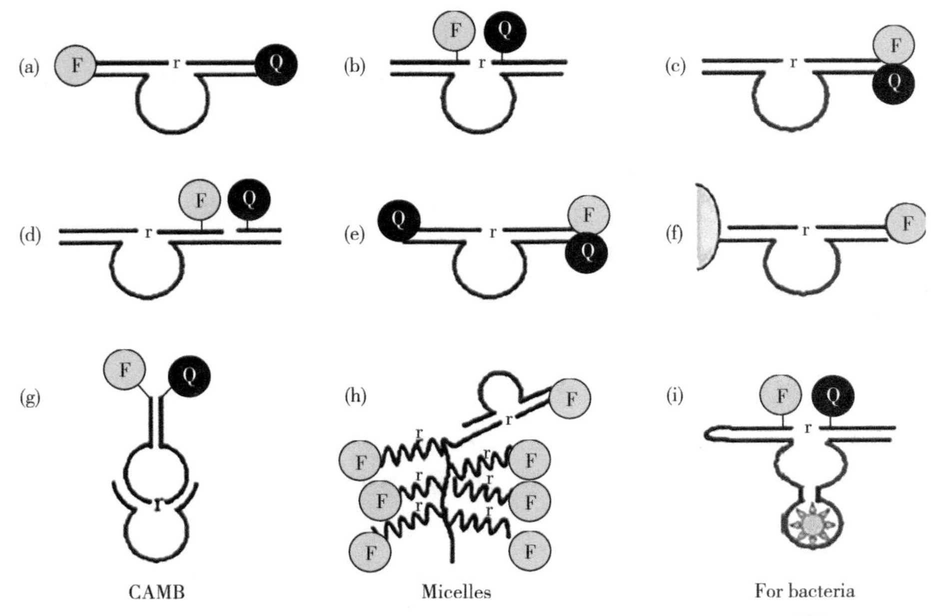

图 1–4 荧光基团 – 猝灭基团（F–Q）对检测分析物的作用机理 [212]

水溶性GO和碳纳米管（CNTs）是一种具有长距离纳米能量转移特性的荧光超级猝灭剂。许多传感系统都是基于GO和CNTs对ssDNA和dsDNA的不同吸附能力而建立起来的。Zhang等基于GO的上述特点设计了一个利用GO和脱氧核酶的“turn-on”荧光传感器用于检测Pb^{2+}[177]。该研究将5′-FAM标记的底物链与脱氧核酶链杂交以形成包含一个大ssDNA环的DNA酶－底物复合物，此复合物可通过静电相互作用和π－π堆积作用与GO相结合。在FAM标记物附近的结合臂只有5个碱基对，既提高了猝灭效率，又很难被π－π吸附，FAM连接的寡核苷酸部分可以被催化切割，以产生高信噪比。利用此传感器可实现对Pb^{2+}的高灵敏度检测。Wen等通过研究发现GO与ssDNA和dsDNA之间不同的相互作用会导致不同的荧光猝灭效率，并以此设计了一个类似GO－脱氧核酶的纳米探针，对Pb^{2+}进行了可调的动态范围的检测[216]。

虽然基于脱氧核酶的金属离子传感器在细胞外有广泛的应用，但脱氧核酶传感器在细胞内的应用仍面临着巨大的挑战。纳米材料AuNPs、CNTs和GO也可被用作细胞内传感的载体。Dordick团队通过研究发现，当通过链霉亲和素－生物素相互作用与多壁碳纳米管偶联时，脱氧核酶仍具有很高的活性[217]。Wu等设计了第一个对活细胞中铀酰离子进行测定的脱氧核酶–AuNPs探针[218]。他们选择AuNPs作为脱氧核酶的载体，因为脱氧核酶–AuNPs结合物不仅具有较高的DNA载量效率，并且对细胞或血清中的酶降解有较强的抵抗力。用3′端巯基修饰的脱氧核酶功能化后的13 nm AuNPs，与金表面结合，底物链的一端用Cy3荧光团标记，另一端用猝灭基团标记。在酶链和AuNPs表面，有一个多腺嘌呤序列间隔，从而削弱了AuNPs的猝灭效率。因此，他们在底物链3′端添加了另一个猝灭剂BHQ-2来确保猝灭完全。在UO_2^{2+}存在时，酶切会使Cy3标记的寡核苷酸短片段从金表面脱离导致荧光增强。经研究这种脱氧核酶–AuNP偶联物可以很容易地进入细胞，并在细胞环境中用作金属离子传感器。

荧光各向异性（FA）是一种基于偏振的现象，它对旋转物的质量和大小很敏感。纳米材料特别是AuNPs、CNTs和GO可以被用来作为荧光各向异性的放大器。当荧光标记物标记的脱氧核酶－底物复合物通过π－π堆积、共价键合或静电吸附等方式组装在纳米粒子表面时，根据Perrin方程荧光标记的旋转可以与整个纳米共轭体耦合，从而获得较高的荧光各向异性。在辅酶因子存在下，被切割的短DNA片段远离纳米材料，并以与其大小相对应的速度旋转，荧光各向异性值减小。Yin 等通过研究发现 AuNPs 可以提高和改善 FA 检测的性能和灵敏度，并且将基于脱氧核酶 –AuNPs 的荧光各向异性方法用于 Cu^{2+} 和 Pb^{2+} 的检测，最低检测限为 1 nmol/L[219]。Yu 等通过研究发现 GO 的引入可以有效地提高四甲基罗丹明（TAMRA）的荧光各向异性，并以此为基础建立 GO 增强的荧光各向异性方法来对 Cu^{2+} 进行检测 [220]。

1.5.2 基于脱氧核酶的比色传感器

金属纳米粒子，特别是 AuNPs，具有特殊的距离依赖的表面等离子体特性。此外，它们还具有生物相容性，易于用多种配体进行功能化，且在生理条件下相对稳定。近年来，大量研究利用 RNA 裂解脱氧核酶催化 AuNPs 来组建比色传感器。

AuNPs 的大小和 AuNPs 之间的距离是 AuNPs 的表面等离子共振吸收的重要影响因素。溶液的颜色可因分散的和聚集的 AuNPs 的变化，从红色变为紫色（甚至蓝色），吸收峰可从大约 520 nm 变化到 650 nm，或者甚至更长的波长。基于这一特性，Yu 团队及其他团队构建了一系列基于 RNA 裂解脱氧核酶 –AuNPs 平台的金属离子比色传感器。在他们的第一个设计中，是利用裂解的底物来使 AuNPs 聚集。Pb^{2+} 会激活脱氧核酶并使其与底物分离。金属离子浓度引起的 RNA 裂解脱氧核酶与 AuNPs 的组装状态或颜色变化可以通过分光光度计对 E522/E700 的消光系数进行监测，或在薄层色谱（TLC）板上观察颜色变化。在该系统中，需要加热到 50 ℃进行退火后，在室温下冷却超过 2 h，才能形成头尾对齐的聚集体。利用此方法对 Pb^{2+} 的最低检测限为 5×10^{-7} mol/L[220]。切割区域附近不稳定的 G–T（17E）对是酶活性所必需的，如果将 G–T 对换作 G–C 对（17Ec），则活性丧失。如果将一小部分活性 17E 的和一大部分非活性 17Ec 的混合在一起，二者比例为 5∶95，则 Pb^{2+} 的动态检测范围可在信号不饱和的情况下，向高浓度方向移动约 1 个数量级。然而，此设计颜色变化缓慢。在后续的研究中，他们使用 42 nmol/L 的 AuNPs 代替了 13 nmol/L 的 AuNPs，以减少形成固定大小聚集体所需的组装时间。同时，为了减小与纳米粒子排列相关的空间效应，采用了尾尾对准技术。采用上述方法，在 10 min 内可以观察到明显的颜色变化，并建立了基于 RNA 裂解脱氧核酶 –AuNPs 的快速检测 Pb^{2+} 的比色法 [221]。这些研究使他们认识到，可能有一些方法可以帮助纳米粒子在切割后释放，从而促进组装过程或颜色的改变。于是，两种新的方法随之建立。一种是引入侵入性 DNA，作为对切割的底物片段的补充。另一种方法是设计一个具有延长的结合臂和缩短的结合臂的不对称脱氧核酶，以便于在切割后释放纳米粒子。这两种方法均显著加速了 Pb^{2+} 诱导的尾对尾定向 AuNPs 聚集体的组装。

上述方法都属于利用标记的方法，免标记方法也得到了广泛应用。Lu 的实验室对应用脱氧核酶 –AuNPs 系统的标记法和免标记法进行了系统的比较 [222]。标记的传感器是利用 DNA 标记的 AuNPs 可提供更高的稳定性。而且免标记法在室温下反应 6 min 后检测限为 1 nmol/L，与标记法相比，灵敏度更高，操作时间更短，成本更低。利用 ssDNA 和 dsDNA 在 AuNPs 表面的不同的吸附性也可构建免标记方法。在此类方法中，AuNPs 的聚集状态会受到盐浓度的影响。靶离子的存在会导致 dsDNA 被切割，切割后释放的 ssDNA 可以吸附在 AuNPs 上并防止 AuNPs 聚集。在没有靶离子的情况下，dsDNA 不会阻止 AuNPs 的聚集。Huang 团队提出了一种使用脱氧核酶作为水凝胶交联剂的免标记方法，用于金属离子的可视检测。脱氧核酶交联水凝胶会根据 Cu^{2+} 的变化进行凝胶 – 溶胶转变 [223]。此方法可在 1.5 h 内，有选择地检测到低至 10 μmol/L 的 Cu^{2+}，并可用肉眼进行观察。Jiang 等通过引入纳米金种核放大技术，利用比色法将 UO_2^{2+} 的最低检测限降低至 40 pmol/L[224]。Miao 等用动态光散射法代替比色法构建的基于脱氧核酶 –AuNPs 的免标记传感器来检测 Cu^{2+} 和 Pb^{2+}，并获得了 pmol/L 水平的检测限，此法比比色法更灵敏 [225，226]。

富 G 序列在 K^+、Pb^{2+} 或者 NH_4^+ 存在时，可自组装形成平行或反平行的 G– 四链体结构。G– 四链体结构需利用血红素作为辅助因子来模拟辣根过氧化物酶的催化活性，以及选择性催化鲁米诺 /H_2O_2 产生化学发光或氧化 ABTS 来产生颜色变化 [227]。Wang 和 Dong 利用上述原理设计了一个免标记的 K^+ 比色传感器 [228]。同时，他们发现 Pb^{2+} 可以诱导形成稳定的 G– 四链体脱氧核酶构象，并抑制类过氧化物酶的活性。在此基础上，他们开发了一种新型的基于 Pb^{2+} 诱导 G– 四链体脱氧核酶构象形成的比色传感器。利用比色法，此方法对 Pb^{2+} 的最低检测限可达 32 nmol/L，而利用电化学发光法，此检测限可低至 1 nmol/L[228]。Guo 等利用 G4– 脱氧核酶与 N– 甲基卟啉（NMM）进行偶联后取代血红素，构建了与上述方法相似的荧光生物传感器。此传感器对 Pb^{2+} 的最低检测限为 1 nmol/L[229]。

1.5.3 基于脱氧核酶的 SERS 传感器

AuNPs 的聚集会使相邻颗粒之间的表面等离子体共振耦合大幅增加，称为“热点”。一个“热点”可以产生指数增强的电磁场，从而使表面增强拉曼散射信号显著增强。利用 AuNPs 独特的具有距离依赖性的表面等离子体特性，表面增强拉曼散射的高灵敏度和金属离子依赖的 RNA 切割脱氧核酶，Wang 等提出了一种基于 SERS 和脱氧核酶的新型生物传感器，用于对 Pb^{2+} 进行检测，检测限为可低至 20 nmol/L[230]。但是此传感器是“signal–off”型传感器，制约了其灵敏度。Sun 等利用纳米 DNA–Au 聚合物作为信号放大器构建了一个的“signal–on”型高灵敏度传感器。在此传感器中，脱氧核酶底物链最初被固定在金表面上，经切割后，被从金表面释放。一部分与报告 DNA 结合并通过报告 DNA 和拉曼双功能化的 AuNPs 形成纳米级 DNA–Au 聚合物。DNA–Au 聚合物的形成会产生强的表面增强拉曼散射信号，从而实现对 Pb^{2+} 的高灵敏检测，检测限为 100 pmol/L[231]。Ye 团队基于靶标循环放大激活脱氧核酶活性的方法建立了一个高灵敏度的 L– 组氨酸表面增强拉曼光谱检测法。该传感系统具有较高的灵敏度且操作简单，对 L– 组氨酸的最低检测限为 0.56 nmol/L[232]。

1.5.4 基于脱氧核酶的电化学传感器

Shao 等首次通过将 DNA–Au 的聚合物作为生物条形码来增强电化学信号[233] 在此研究中，将可通过静电相互作用与 DNA 的阴离子磷酸盐相结合的 $Ru(NH_3)_6^{3+}$ 作为信号传感器构建了一个“signal–off”型传感器。此传感器对 Pb^{2+} 的最低检测限为 1 nmol/L。Yang 等利用脱氧核酶功能化的 AuNPs/$Ru(NH_3)_6^{3+}$ 组装了一个“signal–on”电化学传感器来检测 Pb^{2+}，最低检测限为 0.028 nmol/L[234]。识别诱导构象状态变化是 DNA 电化学传感器设计中常用的一种方法，也适用于基于脱氧核酶的生物传感器的设计。Plaxco 等首次将亚甲基蓝修饰的脱氧核酶应用于电化学传感器中对 Pb^{2+} 进行检测。剪切会诱导底物从复合物中脱离，使亚甲基蓝接近电极表面并转移电子。此电化学传感器的检测限为 300 nmol/L[235]。Liu 等利用 AuNPs 组装金电极作为传感表面来提高传感器的灵敏度，此传感器对 L– 组氨酸的检测限低至 0.1 pmol/L[236]。

1.5.5 其他基于脱氧核酶的生物传感器

脱氧核酶被用作辅助因子识别元件，目标诱导的特定切割反应通常被转化为比色、荧光、电化学或表面增强拉曼散射信号，这些信号或者是半定量的，或者是必需成本较高的实验室仪器，且不能向公众提供商业用途。为了应对这一挑战，Lu 等提出了一种侵入型 DNA 方法，用于使用个人血糖计（PGM）对金属离子进行便携式定量检测 [237]。来源于脱氧核酶的切割侵入型 DNA，会使 DNA– 转化酶的生物复合物从磁珠上脱离，并将蔗糖水解成葡萄糖。个人血糖计可对此反应进行检测。此方法对 Pb^{2+} 和 UO_2^{2+} 的最低检测限分别为 16 nmol/L 和 5.0 nmol/L，且具有很高的选择性。

还有一些其他的不使用酶和纳米颗粒的信号扩增方法，用以指示基于脱氧核酶的靶特异性切割，例如杂交链式反应。Zhuang 等通过将基于 DNA 的 HCR 与脱氧核酶切割相偶联设计了一种用于高灵敏度和高选择性检测 Pb^{2+} 的磁控电子开关。HCR 反应是在两条交替的二茂铁标记的发夹 DNA 之间进行，且反应会在磁珠上形成具有缺口的双螺旋结构。此方法的最低检测限为 37 pmol/L[238]。Zeng 等构建了一个基于切割引起 dsDNA 循环和 SYBR Green I 结构形成的无酶无标记的“turn–on”型生物传感器用于 Cu^{2+} 的检测 [239]。Lu 等在通过向脱氧核酶的双螺旋区引入 dSpace 构建了一个免标记的 Pb^{2+} 传感器。dSpace 可与外部荧光化合物结合并猝灭其荧光。Pb^{2+} 可使底物被脱氧核酶切割并使荧光化合物从双链中释放出来，随之荧光恢复。该方法对 Pb^{2+} 的检测限为 4 nmol/L[240]。Wang 等利用双络合染料 Picogreen 构建了一种基于脱氧核酶的免标记的荧光分子开关传感器 [241]。

光学生物传感技术具有选择性好、灵敏度高、响应速度快、操作简便、无须分离等优点。利用光学生物传感器还可以实现原位和实时活体测定，故被广泛应用于生物医学研究、医疗保健、医药、环境监测、国土安全和战场等领域。另外，光学传感器使用时不受电磁干扰的影响，能够进行遥感和在单个设备内提供多路检测。最近，核酸因其广泛的物理、化学、生物活性，被广泛地应用于传感器及生物分析领域。核酸生物传感器与传统生物传感器相比，具有更快速、更简单、成本更低的优势，因此具有巨大的应用前景。本研究利用核酸及纳米材料的特点，结合分析化学及分子生物学前沿研究领域的发展趋势，通过新的分子识别方法及信号转换与放大方法的建立，构建了四个灵敏度高、选择性好的新型荧光传感器，并将其应用于与生命活动及生活息息相关的蛋白质、小分子等目标物的定量检测。具体内容如下：

第二章中，构建了一种荧光增强型伴刀豆球蛋白 A（ConA）生物传感器。此传感器是基于 ConA 适配体对 ConA 的高选择性和结合力以及氧化石墨烯（GO）对荧光基团的超强猝灭能力构建的。该方法通过在 ConA 适配体上修饰 FAM 构建了一个荧光探针（FCA）。无 ConA 存在时，FCA 会因 π－π 堆积作用而被吸附在 GO 表面，GO 的强荧光猝灭能力会使 FAM 的荧光猝灭。当 ConA 存在时，FCA 与其适配体 ConA 进行特异性结合形成 FCA/ConA 复合结构。由于此复合结构的形成，GO 无法吸附 FCA，FAM 的荧光得以恢复，从而实现对 ConA 的定量测定。由于 GO 具有超强荧光猝灭能力，所以该传感系统的荧光背景信号被大幅降低。利用此传感体系，ConA 的检测限低至 0.87 nmol/L。

第三章中，构建了一种新型的荧光增强型腺苷传感器。该方法是基于腺苷适配体对腺苷的高度特异性识别能力，及 2- 氨基嘌呤（2-AP）对邻近碱基堆积的敏感性。腺苷适配体（Apt-A）与 2-AP 探针（APD）两条 DNA 链完全互补。没有腺苷时，Apt-A 与 APD 形成双链，由于碱基堆积作用，2-AP 荧光被猝灭。当腺苷存在时，腺苷与其适配体 Apt-A 结合形成复合物，导致 Apt-A 无法与 APD 结合，所以荧光恢复。此体系在腺苷浓度为 50 ～ 600 μmol/L 范围内，荧光强度与腺苷浓度呈良好的线性关系（R^2=0.9945），检测限为 1.33 μmol/L。

第四章中，利用腺苷适配体（Apt-A）、2- 氨基嘌呤探针（APD）和核酸外切酶 I（Exo I）构建了一种高灵敏度和高选择性的新型荧光增强型传感器用于腺苷检测。APD 与 Apt-A 两条 DNA 链完全互补。没有腺苷时，Apt-A 与 APD 形成双链，阻止了 Exo I 对 APD 的酶解。同时由于碱基堆积作用，2-AP 的荧光被猝灭。当腺苷存在时，腺苷会与 Apt-A 结合形成腺苷 /Apt-A 复合物，所以 Apt-A 无法与 APD 结合，APD 遂被 Exo I 酶解，释放出游离的 2-AP，故荧光强度恢复。在 10 ～ 600 μmol/L 范围内，荧光强度与腺苷浓度呈良好的线性关系（R^2=0.9933），检测限为 0.30 μmol/L。此传感体系对腺苷具有较高的选择性，且利用此方法可对血清中的腺苷进行检测。

第五章中，基于末端保护和核酸外切酶Ⅲ（Exo Ⅲ）信号放大构建了一种新型的荧光增强型链霉亲和素传感器。当小分子被结合到对应的蛋白质靶标上时，通过小分子连接 DNA 嵌合体的末端保护，可以保护 DNA 不被核酸外切酶降解。基于上述原理，该体系中笔者设计了一条 3′ 端被生物素修饰的 DNA 单链作为引发链。引发链会与其互补链形成双链结构，在链霉亲和素存在时，生物素修饰的引发链会因末端保护而免于被核酸外切酶Ⅲ酶解。但是，它的互补链却被 Exo Ⅲ酶解，于是引发链会进入另一个信号循环放大周期中，导致荧光信号大幅放大。该体系链霉亲和素浓度在 10 ～ 200 ng/mL 范围内，荧光强度与链霉亲和素浓度呈良好的线性关系（R^2=0.990），检测限为 0.83 ng/mL。该链霉亲和素传感器具有良好的选择性和灵敏性，在实际应用中具有很大的应用前景。

2

基于氧化石墨烯的荧光增强型伴刀豆球蛋白 A 的传感器

2.1 引言

伴刀豆球蛋白 A（ConA）是一种对甘露糖和葡萄糖具有亲和力的外源凝集素。ConA 能与细胞表面糖蛋白结合，启动 T 细胞活化、细胞有丝分裂、凝集和凋亡[242–246]。ConA 还可用于恶性肿瘤细胞的分析[247]。迄今为止，多种检测方法已被用于 ConA 的检测，包括紫外可见光谱法[248，249]、荧光光谱法[250，251]、电化学分析法[252–254]和 SPR 法[255]。但是，大部分检测方法需要冗长和复杂的糖类准备过程、昂贵的仪器、专业的操作，并且灵敏度有限。

氧化石墨烯（GO）作为一种新型的无机纳米材料，因其具有二维面积宽，水溶性好，表面易修饰[256,257]等优点而被广泛应用到生物学的各种领域。此外，GO 可作为一种优良的猝灭剂被用来构建荧光共振能量转移（FRET）生物传感器。据报道，GO 可以对染料标记的 ssDNA 探针进行表面吸附和猝灭，且通过双链 DNA 的形成，可以使荧光恢复。据此原理，一些基于 GO 的便捷通用的传感器被用于对 DNA[258]、金属离子[259]、小分子[260，261]、蛋白质[262，263]和细胞[264，265]进行检测。

适配体是通过指数富集（SELEX）从随机寡核苷酸库中筛选出的能识别并结合从小分子到整个细胞的特异性靶分子的 ssDNA 或 RNA 分子[3，4]。与抗体相比，适配体具有更高的结合亲和力、更好的选择性和更长的保存期，并且易于生产和修饰，因此被广泛用于构建金属离子[266，267]、小分子[268，269]、蛋白质[270]、细胞[271，272]和微生物[273，274]的传感器。

本章中笔者建立了一种基于 FAM 标记的 ConA 适配体（FCA）[275]和 GO 的荧光增强型传感器用于 ConA 检测。在没有 ConA 的情况下，GO 能吸附 FCA，而 ConA 的加入会使传感系统的荧光增强。与以往的检测方法相比，该方法简单、快速，并可通过更换适配体来对其他凝集素进行检测。

2.2 实验部分

2.2.1 试剂与材料

氧化石墨烯分散液来源于 Nanjing XFNANO Materials Tech Co.（南京）。胎牛血清购于 Sangon Biotech Co., Ltd.（上海）。三羟甲基氨基甲烷（Tris）、胰蛋白酶、胃蛋白酶、溶解酵素（Lys）、伴刀豆球蛋白 A（ConA）购于 Sigma-Aldrich 公司。实验所需其他试剂均来源于上海国药集团化学试剂有限公司，且实验所用试剂均为未经进一步处理或纯化的分析纯。实验用水均为二次蒸馏水。所有工作溶液都采用 Tris-HCl 缓冲液（20 mmol/L，pH 7.2，120 mmol/L NaCl，5 mmol/L KCl，1 mmol/L $MgCl_2$，1 mmol/L $CaCl_2$）配制。

DNA 序列由 Sangon Biotech Co., Ltd.（上海）合成并进行 HPLC 纯化，且在使用前不对其进行其他特殊处理。本实验所使用的 DNA 序列（FCA）为：

5′-（6-FAM）-CGAGTAACGCTGTCTCTTCCGAATCGGGGGAAGGCGGAGGG-3′。

2.2.2 实验仪器

荧光强度检测在 F-2500 荧光分光光度计（Hitachi，日本）上进行。荧光发射光谱记录波长范围为 500 ～ 600 nm。荧光各向异性检测在 LS 55 荧光 / 磷光 / 发光分光光度计（PE，美国）上进行，激发波长和发射波长分别为 481 nm 和 518 nm。傅里叶变换红外光谱利用 FTIR-650 光谱仪（天津港东）进行采集。除特殊说明外，该实验所有检测均在室温下完成。

2.2.3 荧光法测定 ConA

将 FCA 用 pH 7.2 的 Tris–HCl 缓冲液溶解配成浓度为 100 μmol/L 的储备液，并置于 –20℃保存。进行检测时，将 10 nmol/L 的 FCA 与不同浓度的 ConA 混合，室温下孵育 40 min，然后加入 20 μg/mL 的 GO，再用 Tris–HCl 缓冲液定容至 1 mL。孵育 10 min 后，对混合溶液的荧光发射光谱进行测定。所有物质浓度均为混合后的最终浓度。通过利用其他物质代替 ConA 进行同样的实验对该传感器的选择性进行测定。

2.3 结果与讨论

2.3.1 检测原理

DNA 适配体具有易修饰和改造的特点，利用此特点笔者将 ConA 适配体用 FAM 进行了修饰，并利用 GO 对其荧光进行猝灭。图 2–1 是基于 ConA 适配体和 GO 的 ConA 荧光传感器的结构和工作原理示意图。FCA 可与 ConA 进行特异性识别和结合。没有 ConA 时，FCA 呈单链状态，加入 GO 后，由于核苷碱基与 GO 之间的 π–π 堆积作用，FCA 被强有力地吸附在 GO 表面，从而将 FAM 与 GO 的距离拉近。当有 ConA 存在时，ConA 可与 FCA 发生特异性结合，形成 ConA/FCA 复合物，GO 无法将此复合物吸附，从而导致 FAM 远离 GO 表面并使荧光恢复，且荧光强度的增加值在一定范围内与 ConA 的加入量成正比。据此，基于适配体和 GO 的荧光增强型生物传感器可被应用于 ConA 的定量检测。

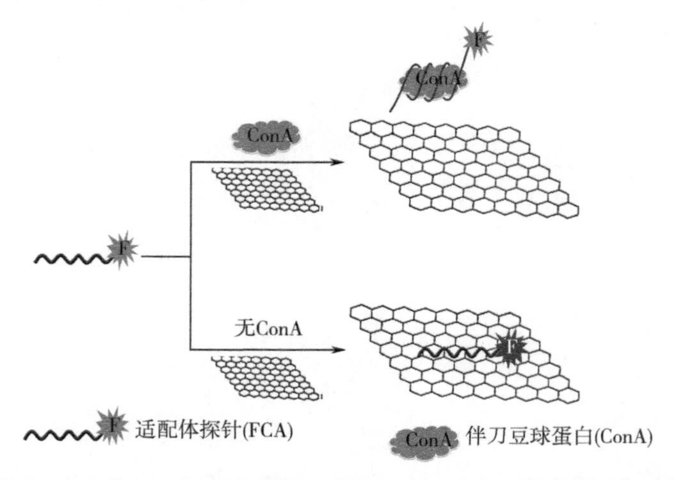

图 2–1　基于伴刀豆球蛋白 A 适配体的伴刀豆球蛋白 A 荧光生物传感器设计原理示意图

2.3.2 GO 的表征分析

GO 的形貌和结构分别通过透射电子显微镜（TEM）（图 2-2A）和傅里叶变换红外光谱（FTIR）（图 2-2B）进行了表征。

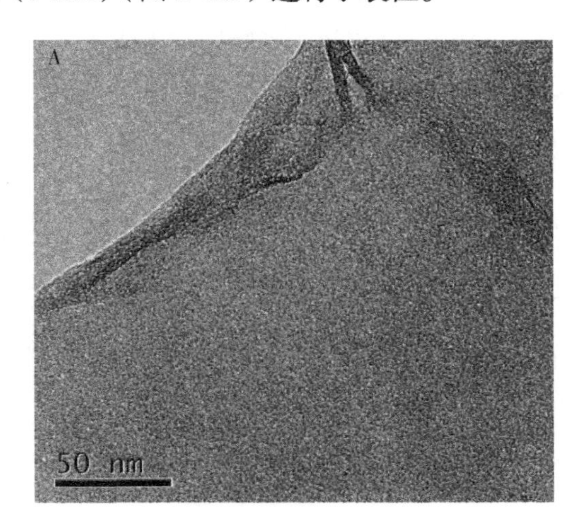

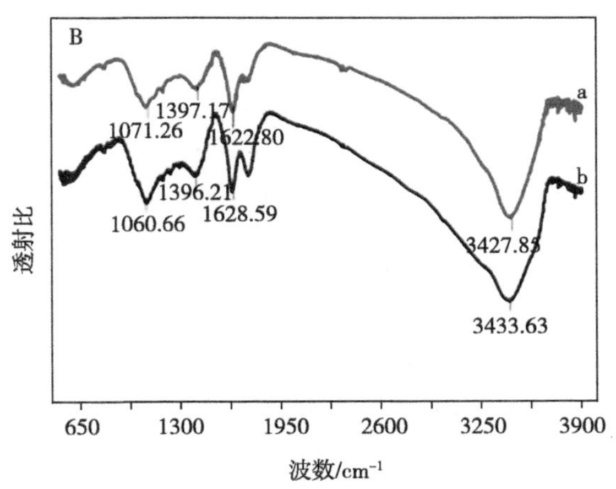

图 2-2 氧化石墨烯的结构。（A）GO 透射电镜图。（B）GO 和 FCA/GO 的红外光谱图

2.3.3 可行性分析

笔者对此传感系统在不同条件下的荧光发射光谱进行了测定以证明试验的可行性。结果如图 2-3 所示，因为荧光基团 FAM 的存在，FCA 在 Tris-

HCl 缓冲液中会显示出非常强的荧光信号（图 2–3，曲线 a）。当向 FCA 溶液中加入 ConA 时，荧光强度几乎没有变化（图 2–3，曲线 b）。当在 FCA 溶液中加入 20 μg/mL 的 GO 后，由于 GO 的强荧光猝灭能力，荧光强度被大幅猝灭（图 2–3，曲线 c），表明 FCA 被紧密吸附在了 GO 表面且 FAM 的荧光被 GO 显著猝灭了。当将 ConA 加入上述溶液中时，荧光信号明显增强（图 2–3，曲线 d），表明 ConA 能与 FCA 结合并形成复合结构，此复合结构与 GO 的结合力小，GO 不能对其进行有效吸附，致使 FAM 与 GO 的距离增大，荧光猝灭效率降低，导致体系呈现强荧光。

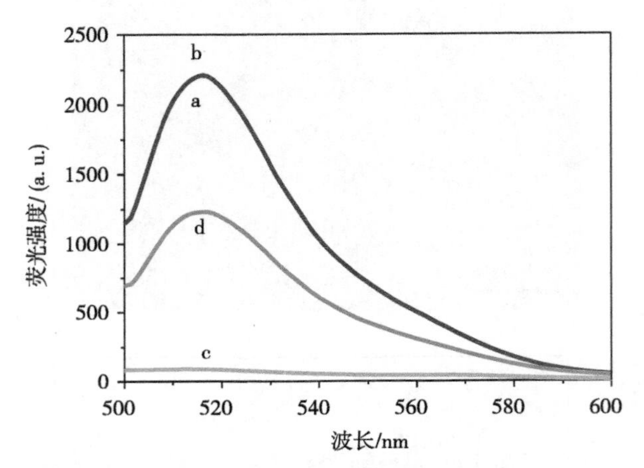

图 2–3　传感系统在不同条件下的荧光发射光谱：(a) FCA，(b) FCA + ConA，(c) FCA + GO，(d) FCA + ConA + GO。FCA、ConA 和 GO 的浓度分别为 10 nmol/L、200 nmol/L 和 20 mg/mL。激发波长为 481 nm

荧光各向异性（fluorescence anisotropy，FA）是一种通过分子旋转运动和能量共振转移高灵敏检测而反映分子构象、排列方向、尺寸和纳米环境条件的方法 [276, 277]，可用于研究荧光分子的体积或形状的改变以及相互作用过程，是荧光物质的特有属性。为了进一步了解 FCA、GO 和 ConA 之间的相互作用以证明实验的可行性，笔者测定了该传感体系在不同条件下的 FA 值。结果如图 2–4 所示，FCA 在 Tris–HCl 缓冲液中 FA 值为 0.037。在体系中加入 GO 后，FA 值上升到 0.605。此变化表明 FCA 被吸附在 GO 表面，导致分子量和体积都大幅增加，从而使荧光染料的旋转扩散速率受到阻碍。在上述溶液中加入 ConA，FA 值显著下降至 0.116，表明 ConA 可与 FCA 结合，使 FCA 远离 GO 表面。以上实验结果表明，笔者提出的传感系统完全具备对 ConA 进行特异检测的可行性。

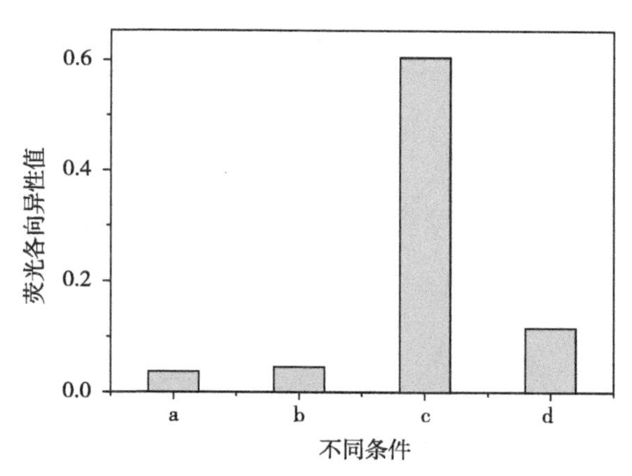

图 2–4 基于腺苷适配体的传感系统在不同条件下的荧光各向异性值：(a) FCA，(b) FCA + ConA，(c) FCA + GO，(d) FCA + ConA + GO。FCA、ConA 和 GO 的浓度分别为 10 nmol/L、200 nmol/L 和 20 mg/mL。激发波长为 481 nm

2.3.4 实验条件的优化

GO 的浓度和孵育时间、FCA 与 ConA 的孵育时间及实验所用缓冲液的 pH 值是影响此传感器灵敏度的重要因素。为了提高此传感器检测 ConA 的灵敏度，笔者对上述条件进行了优化。

首先，笔者对 GO 浓度基于 ConA 适配体和 GO 的传感体系检测性能的影响进行了考察。通过加入不同浓度的 GO，测定系统在 ConA 浓度为 200 nmol /L 时的荧光强度，实验结果如图 2–5A 所示。实验结果表明，无论是否存在 ConA，系统的荧光强度都会随着 GO 浓度的增大而逐渐降低，其原因是 GO 具有超强的荧光猝灭能力。图 2–5B 表明，加入 200 nmol/L ConA 后，传感系统的信背比（F/F_0，F_0 和 F 分别表示未加入 ConA 和加入 ConA 后传感系统在 518 nm 处的荧光强度）随着 GO 浓度的增加而先增加后减小。当 GO 的浓度为 20 μg/mL 时，GO 对 FCA 的荧光猝灭率达到 96%，信背比达到最大值。上述结果说明，适当浓度的 GO 能够大大降低此检测系统的背景荧光，提高信背比，从而提高 ConA 检测的灵敏度。因此，本实验中笔者选择 20 μg/mL 作为本传感体系中 GO 的最优浓度。

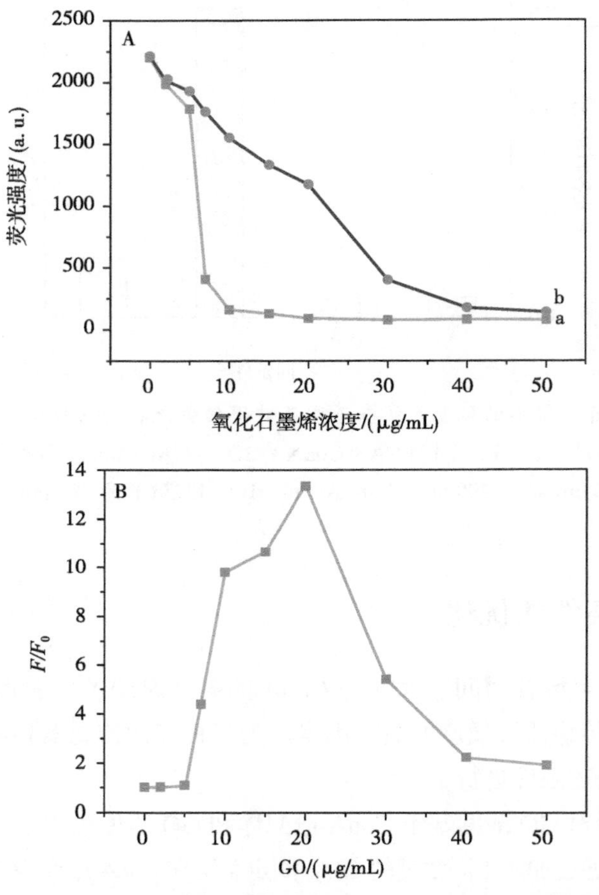

图 2-5 (A) 不同浓度 GO 对荧光强度的影响。(B) F/F_0 比值饱和曲线图。FCA 和 ConA 的浓度分别为 10 nmol/L 和 200 nmol/L

笔者对影响传感系统性能的 FCA 和 GO 孵育时间同样进行了考察。如图 2-6 所示，在加入 200 nmol/L ConA 后，随着 FCA 与 GO 的孵育时间的延长，传感系统的荧光强度快速下降。当孵育时间为 10 min 时，荧光强度达到平衡。因此笔者选择 10 min 作为本传感体系中 FCA 和 GO 的最优孵育时间。

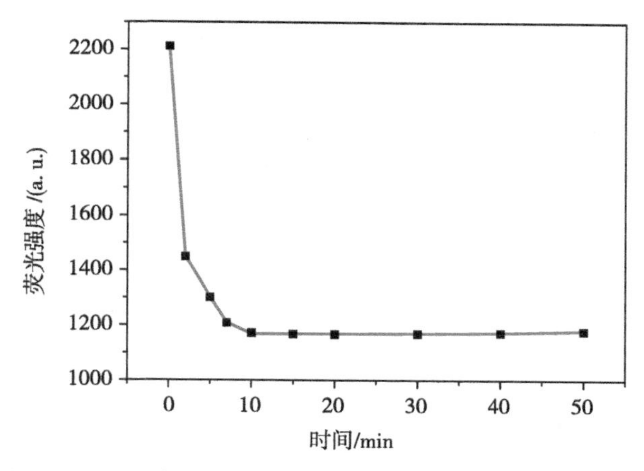

图 2–6　FCA 与 GO 不同孵育时间对传感体系的影响。FCA、ConA 和 GO 的浓度分别为 10 nmol/L、200 nmol/L 和 20 mg/mL。激发波长为 481 nm

同时，笔者对 ConA 和 FCA 的孵育时间进行了优化，加入 200 nmol/L ConA 后，ConA 与 FCA 孵育 40 min 时，荧光强度达到最大，之后便达到平衡（图 2–7）。因此笔者选择 40 min 作为本传感体系中 ConA 和 FCA 的最优孵育时间。

该体系的荧光强度也会受到缓冲液 pH 值的影响，高 pH 值会引起 ConA 的变性。于是笔者对不同缓冲液 pH 值对本荧光体系的影响进行了考察。如图 2–8 所示，当缓冲液的 pH 值从 5.2 上升到 7.2 时，系统荧光强度随之上升。但是当 pH 值超过 7.2 时，荧光强度反而下降。因此，笔者在本传感体系中选择使用 pH 值为 7.2 的缓冲液。

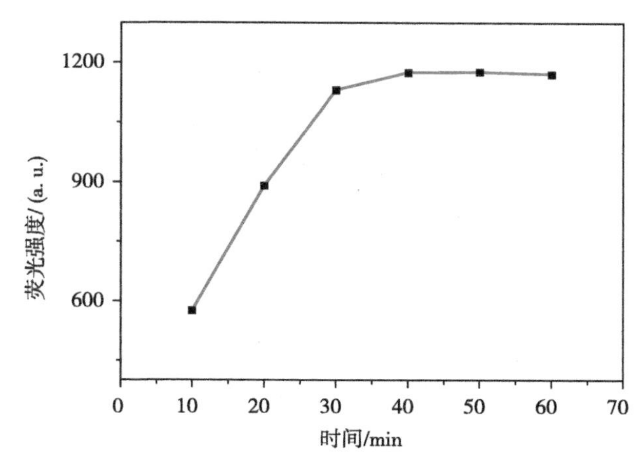

图 2–7　FCA 与 ConA 不同孵育时间对传感体系的影响。FCA、ConA 和 GO 的浓度分别为 10 nmol/L、200 nmol/L 和 20 mg/mL。激发波长为 481 nm

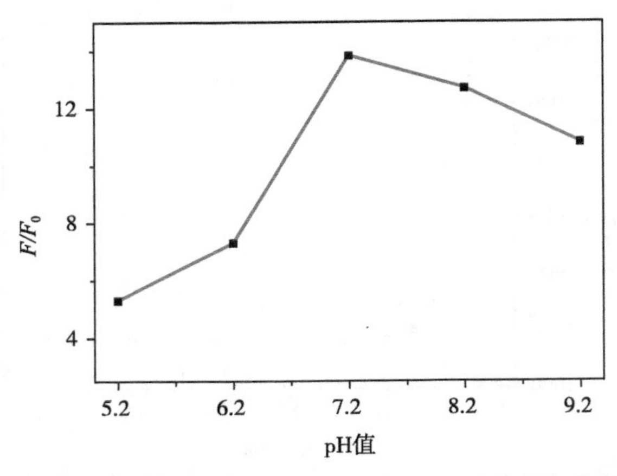

图 2-8　pH 值对传感体系的影响。FCA、ConA 和 GO 的浓度分别为 10 nmol/L、200 nmol/L 和 20 mg/mL。激发波长为 481 nm

2.3.5　传感器的灵敏度

笔者测定了在优化的实验条件下该传感系统对不同浓度 ConA 的荧光光谱响应以考察传感器的灵敏度。实验结果如图 2-9 所示。

图 2-9A 描述的是传感系统在不同 ConA 浓度下的荧光发射光谱。如图可知，在 0 ～ 500 nmol/L ConA 浓度范围内，传感系统的荧光发射强度随 ConA 浓度的增加而逐渐增大。此现象表明，随着 ConA 浓度的增大，ConA 诱导形成的 FCA/ConA 复合物数量逐渐增加。因 GO 无法对复合结构进行有效吸附，从而导致复合物脱离 GO 表面进入溶液，所以荧光强度得以恢复。图 2-9B 是该传感器的校正曲线。可以发现，ConA 浓度在 0 ～ 160 nmol/L 范围内，传感器的荧光强度随 ConA 浓度的增加持续增加。当 ConA 浓度达到 160 nmol/L 时，荧光强度增大趋势变小。如图 2-9B 插图所示，F/F_0 与 ConA 浓度在 0 ～ 160 nmol/L 的范围内呈良好的线性关系，线性相关系数为 R^2=0.9960。利用空白的三倍标准偏差原则计算得出该传感系统对 ConA 的最低检测限为 0.087 nmol/L。与已经报道的 ConA 传感器相比，该传感系统显示出更加优越或者相当的分析性能（表 2-1）。以上结果说明，此荧光适配体传感器可用于对溶液中的 ConA 进行高灵敏度检测。

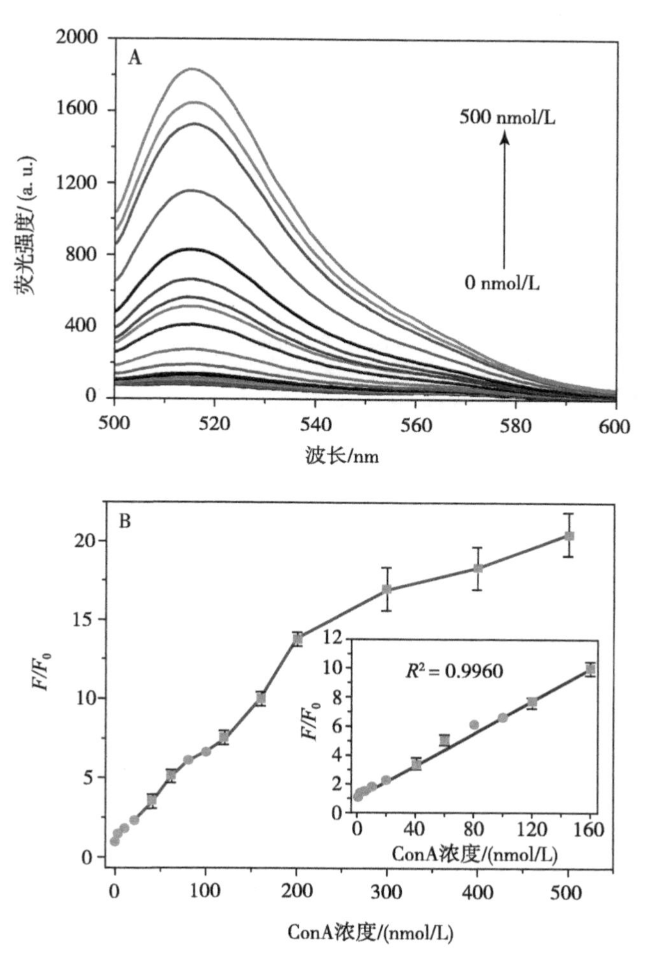

图 2–9　传感系统对 ConA 的检测灵敏度。（A）存在不同浓度的 ConA 时传感体系的荧光发射光谱。箭头表示的是随 ConA 的浓度增加荧光信号的变化趋势，ConA 的浓度依次为：0 nmol/L、0.4 nmol/L、0.6 nmol/L、0.8 nmol/L、1 nmol/L、3 nmol/L、5 nmol/L、10 nmol/L、20 nmol/L、40 nmol/L、60 nmol/L、80 nmol/L、100 nmol/L、120 nmol/L、160 nmol/L、200 nmol/L、300 nmol/L、400 nmol/L 和 500 nmol/L。（B）传感体系的校正曲线，插图为低浓度 ConA 的 F/F_0 与浓度的线性相关图。F_0 和 F 分别表示未加入 ConA 和加入 ConA 后传感系统的荧光强度。激发波长为 481 nm

表 2–1　基于 ConA 适配体和 GO 的荧光检测方法与其他腺苷检测方法的比较

方法	构建策略	线性范围	检测限	检测时间	参考文献
荧光	适配体 / 氧化石墨烯	400 pmol/L ～ 160 nmol/L	0.87 nmol/L	50 min	本研究
荧光	三聚烷基衍生甘露糖	0 ～ 117.6 nmol/L	117.6 nmol/L	没有提到	250
荧光	葡萄糖胺 / 量子点 /GO	9.8 ～ 196.1 nmol/L	3.3 nmol/L	～ 2 h 10 min	251
紫外可见光谱	甘露糖 / 金纳米粒子	192 ～ 385 nmol/L	没有提到	～ 9 h	248
电化学	$NiCo_2O_4$/ 石墨烯	0.49 ～ 4.9 pmol/L	0.166 pmol/L	～ 26 h 20 min	252
电化学	糖脂 / 烷硫醇囊泡	2.45 ～ 98 nmol/L	2.45 nmol/L	～ 12 h	253
电化学	葡糖胺 /DNA– 磁珠复合物	1.96 pmol/L ～ 98 nmol/L	1.5 pmol/L	～ 17 h 45 min	254
表面等离子共振	葡聚糖 / 金纳米粒子 / GO	9.8 ～ 196.1 nmol/L	3.8 nmol/L	～ 6 h 2 min	255

2.3.6　传感器的选择性

笔者考察了 ConA 的三种结构类似物赖氨酸、胃蛋白酶和胰蛋白酶单独存在时对传感器荧光响应的影响，从图 2–10 可以看出，在相同的实验条件下，ConA 的类似物不会使传感体系产生明显的荧光增强，只有加入 ConA 才能引起传感体系荧光强度的显著改变。上述结果表明，该传感器能够将 ConA 从其他三种物质中区分开来，证明该传感器对 ConA 具有较高的选择性（图 2–10）。

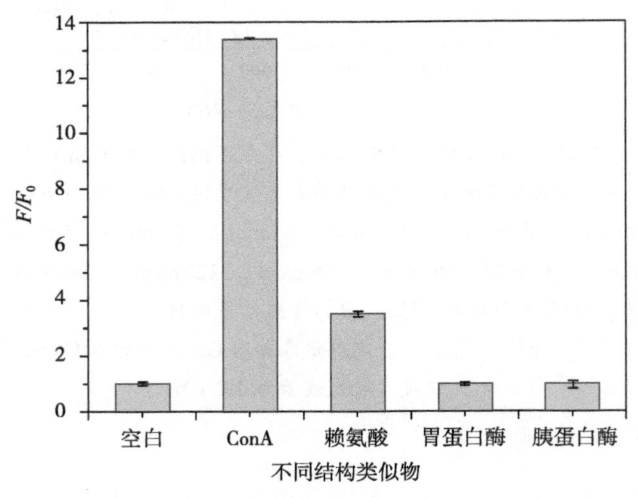

图 2–10　传感器对腺苷和其他结构类似物的荧光增强比。ConA 和其他结构类似物的浓度都为 2 mmol/L。激发波长为 481 nm

2.3.7 传感器的稳定性

通过对该传感体系进行低温保存，笔者考察了其稳定性。将该传感体系密封并保存在冰箱的冷藏处（4 ℃），每 3 h 检测一次荧光强度。结果如图 2–11 所示，在 15 h 内，该传感体系的荧光强度只发生小幅变化，说明其稳定性较好。

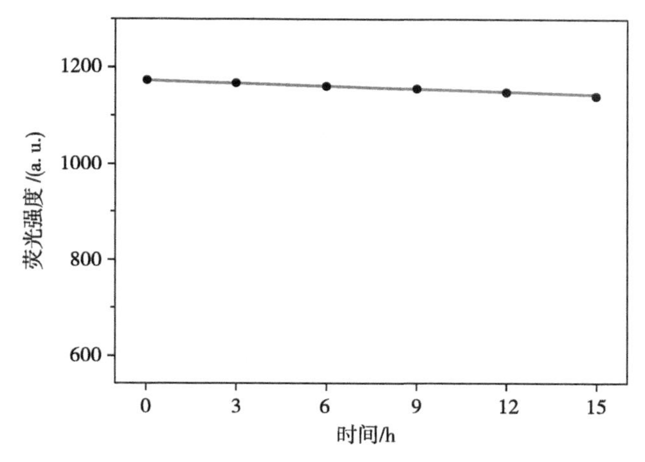

图 2–11　传感器的稳定性。FCA、ConA 和 GO 的浓度分别为 10 nmol/L、200 nmol/L 和 20 mg/mL。激发波长为 481 nm

2.3.8 传感器的实际应用

利用加标法笔者对该传感器用于实际样品检测的能力进行了考察。通过在胎牛血清样品中加入一定浓度的 ConA 来检测该传感器的回收率。因为胎牛血清中含有大量的蛋白质，且 GO 对胎牛血清中的某些蛋白质具有较强的吸附作用，容易引起吸附在 GO 表面的 FCA 脱吸附，因此在检测时要对胎牛血清进行适度稀释。该实验对其稀释 1000 倍，以降低荧光背景。从表 2–2 可以看出，该传感器对 ConA 检测的加标回收率在 99% ～ 107%，满足血清样品检测要求。上述结果表明该检测方法可以被成功地应用于实际样品中 ConA 的检测。

表 2–2 牛乳样品中 ConA 的加标回收率（n=3）

样品	加样量 /（nmol/L）	回收量，mean±SD/（nmol/L，n=3）	回收率 /%
1	10	10.7±0.57	107
2	100	104±1.20	104
3	160	158±2.31	99

2.4 小结

本章利用 GO 的强吸附力和荧光猝灭能力，以及 ConA 适配体与 ConA 的特异性识别，建立了一种操作简单、检测快速、高灵敏度和高选择性的信号增强型荧光传感器用于 ConA 的检测。与之前报道的 ConA 传感器相比，该传感器还具有以下重要的特征：首先，该传感器可以在 50 min 内实现对 ConA 的快速、简单、低成本检测，不需要复杂的仪器和操作。其次，利用 GO 的超强荧光猝灭能力，极大地降低了该体系的荧光背景信号，提高了体系的检测灵敏度。最后，通过更换适配体此传感体系有望用于其他蛋白质或小分子的检测。因该传感器具有制备简单、操作简便、选择性好、设备成本低等优点，在快速检测凝集素等物质及临床诊断中具有广阔的应用前景。

3

利用 2–氨基嘌呤修饰的 DNA 探针的腺苷荧光传感器

3.1 引言

核酸适配体是通过指数富集配体（SELEX）从随机寡核苷酸文库筛选出的 ssDNA 或 RNA 分子[3, 4, 278, 279]。核酸适配体可以与特定的靶标结合，形成特殊的三级结构[280, 281]。因为核酸适配体具有合成简单，容易修饰、稳定性好等特点，所以被广泛应用于传感器的构建中。其中荧光传感器因其所需设备简单、灵敏度高、操作简单方便及可进行实时检测而备受青睐。但是，大多数适配体荧光传感器需要用荧光团对适配体进行标记，且需要具有猝灭基团标记的适配体的互补 DNA 链[282]或者需要两端分别标记有荧光基团和猝灭基团的双标记的适配体信标[283–285]。然而，进行共价标记不仅成本高、过程复杂，且对适配体与靶标的结合有影响。由于上述原因，出现了一些适配体免标记的方法，例如利用可插入 DNA 的染料[286]。但是，这些方法具有很多的局限性，如背景较高、不能进行多重检测等缺点。

2- 氨基嘌呤（2–AP）作为一种腺嘌呤的荧光类似物，当被引入到 DNA 中时，荧光会因邻近碱基的堆积作用而被猝灭。所以 2–AP 作为一种用来研究 DNA 折叠结构的优良探针，被应用于传感器的构建中[287–290]。

本章中笔者建立了一种基于腺苷适配体及 2–AP 探针的荧光增强型适配体传感器用于腺苷检测。本方法利用适配体与腺苷的亲和力高于适配体与其互补 DNA 的结合力以及 2–AP 对周围碱基堆积的敏感性，实现了对腺苷的简单快速检测。与传统荧光基团及分子信标相比，2–AP 探针荧光的猝灭不需要猝灭剂且光稳定性好。

3.2 实验部分

3.2.1 试剂与材料

羟甲基氨基甲烷（Tris）、腺苷、2-AP 购于 Sigma-Aldrich 公司。实验所需其他试剂均来源于上海国药集团化学试剂有限公司，且实验所用试剂均为未经进一步处理或纯化的分析纯。实验用水均为二次蒸馏水。所有工作溶液都采用 Tris-HCl 缓冲液（20 mmol/L，pH 7.4，0.05 mol/L NaCl）配制。

DNA 序列由 Sangon Biotech Co., Ltd.（上海）合成并进行 HPLC 纯化，且在使用前不对其进行其他特殊处理。本实验所使用的 DNA 序列为：

Apt-A：5′-ACCTGGGGGAGTATTGCGGAGGAAGGT-3′

APD：5′-ACCTTCCTCCGC/2-aminopurine/ATACTCCCCCAGGT-3′

3.2.2 实验仪器

荧光强度检测在 F-2500 荧光分光光度计（Hitachi，日本）上进行，激发波长和发射波长分别为 300 nm 和 367 nm，激发和发射狭缝宽度均设置为 10 nm。荧光发射光谱记录波长范围为 350 ～ 450 nm。荧光各向异性检测在 LS 55 荧光 / 磷光 / 发光分光光度计（PE，美国）上进行，激发波长和发射波长分别为 300 nm 和 367 nm。除特殊说明外，该实验所有检测均在室温下完成。

3.2.3 荧光法测定腺苷

将腺苷适配体 Apt-A 及其中一个碱基用 2-AP 取代的 Apt-A 的互补 DNA（APD）用 Tris-HCl 缓冲液溶解配成浓度为 5 μmol/L 的储备液并置于 -20 ℃保存。将 5 μmol/L 的 Apt-A 10 μL 与不同浓度的腺苷混合，37 ℃下孵育 25 min，然后加入 5 μmol/L 的 APD 10 μL，37 ℃下孵育 30 min。最后用 Tris-HCl 缓冲液定容至 1 mL 并测定混合溶液的荧光发射光谱。

3.3 结果与讨论

3.3.1 检测原理

Apt–A 与 APD 结合后形成的 Apt–A/APD 双链的荧光低于 APD 的荧光。无腺苷存在时，Apt–A 与 APD 形成双链，因为双链的碱基堆积作用，2–AP 的荧光被大幅猝灭。腺苷存在时，因 Apt–A 与腺苷形成 Apt–A/ 腺苷复合物，APD 与 Apt–A 无法形成双链，荧光明显恢复。图 3–1 为基于腺苷适配体的腺苷荧光生物传感器的结构和工作原理示意图。由此，笔者构建了一种利用 2–AP 修饰的 DNA 探针的腺苷荧光增强型生物传感器用于腺苷的定量检测。

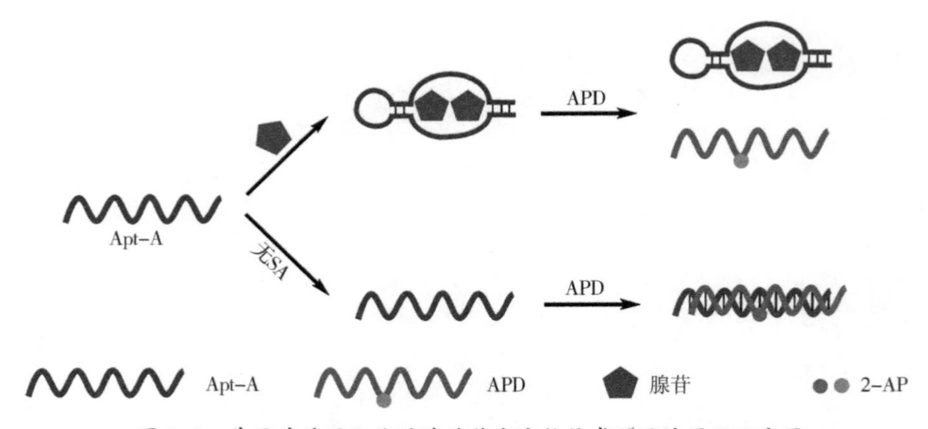

图 3–1　基于腺苷适配体的腺苷荧光生物传感器设计原理示意图

3.3.2 可行性分析

笔者考察了此传感系统在不同条件下的荧光发射光谱，以证明此试验的可行性。结果如图 3-2 所示，游离的 2-AP 显示出强荧光（图 3-2，曲线 a）。当 2-AP 被嵌入单链 APD 时，因碱基堆积作用，荧光强度被大幅猝灭（图 3-2，曲线 b）。Apt-A/APD 的荧光（图 3-2，曲线 c）低于 APD（图 3-2，曲线 b），表明 Apt-A 与 APD 形成了双链。但是当腺苷存在时，荧光信号会明显增强（图 3-2，曲线 d），表明 Apt-A 能与腺苷结合并形成复合物，APD 无法与 Apt-A 形成双链，荧光猝灭效率降低，使得体系呈现强荧光。

荧光各向异性（FA）是一种通过分子旋转运动和能量共振转移高灵敏检测而反映分子构象、排列方向、尺寸和纳米环境条件的方法[258, 259]，可用于研究荧光分子的体积或形状的改变以及相互作用过程，是荧光物质的特有属性。为了进一步了解 APD、Apt-A 和腺苷之间的相互作用以证明该传感体系的可行性，笔者测定了该传感体系在不同条件下的 FA 值。实验结果如图 3-3 所示，APD 在 Tris-HCl 缓冲液中 FA 值为 0.195。在体系中加入 Apt-A 后，FA 值上升到 0.283，表明 Apt-A 与 APD 形成了双链，分子量和体积都增加了，阻碍了荧光染料的旋转扩散速率。在上述溶液中加入腺苷，FA 值显著下降至 0.222，表明腺苷可与 Apt-A 结合，使 Apt-A 远离 APD。

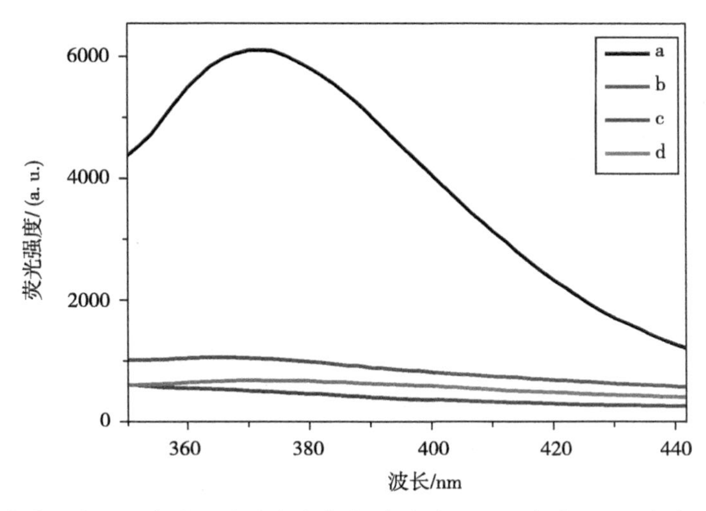

图 3-2 传感系统在不同条件下的荧光发射光谱：（a）2-AP，（b）APD，（c）Apt-A+APD，（d）Apt-A+adenosine+APD。2-AP、APD、Apt-A 和腺苷的浓度分别为 50 nmol/L、50 nmol/L、50 nmol/L 和 500 μmol/L。激发波长和发射波长分别为 300 nm 和 367 nm

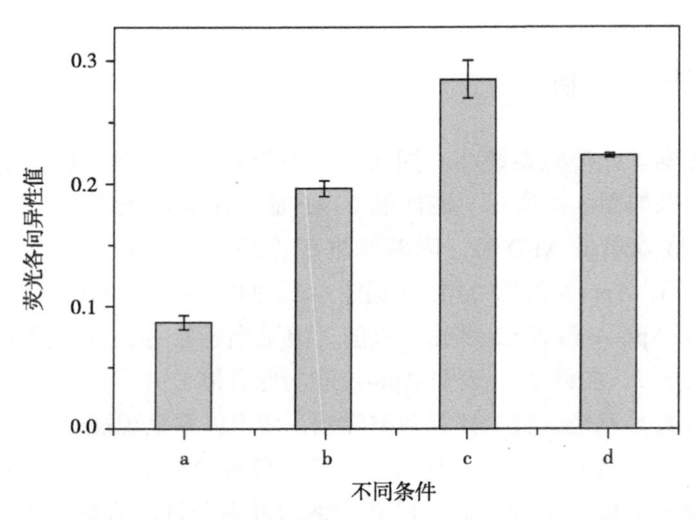

图 3-3 基于腺苷适配体的传感系统在不同条件下的荧光各向异性值:（a）2-AP,（b）APD,（c）Apt-A+APD,（d）Apt-A+adenosine+APD。2-AP、APD、Apt-A 和腺苷的浓度分别为 50 nmol/L、50 nmol/L、50 nmol/L 和 1000 μmol/L。激发波长和发射波长分别为 300 nm 和 367 nm

3.3.3 传感器的灵敏度

为了考察传感器的灵敏度，笔者测定了该传感体系在加入不同浓度腺苷时的荧光强度，传感体系在不同腺苷浓度下的荧光发射光谱如图 3-4B 所示。可以看出，在 0 ～ 1000 μmol/L 腺苷浓度范围内，传感系统的荧光发射强度随腺苷浓度的增加而逐渐增大。该现象说明，随着腺苷浓度的增大，腺苷诱导形成的 Apt-A/ 腺苷复合结构数量逐渐增加，APD 无法与 Apt-A 形成双链，荧光强度得以增强。图 3-4B 描述的是该传感器的校正曲线。由图可见，腺苷浓度在 50 ～ 600 μmol/L 范围内，传感器的荧光强度随腺苷浓度的增加持续增加，当腺苷浓度达到 600 μmol/L 时，荧光强度增大趋势变小。由图 3-4B 插图可见，$(F-F_0)/F_0$ 与腺苷浓度在 50 ～ 600 μmol/L 的范围内呈良好的线性关系，线性回归方程为 $y=0.01x+0.04$，线性相关系数为 $R^2=0.9945$。按照 $3\delta/S$（δ 为对空白样品进行多次测定的标准偏差；S 为标准曲线的斜率）计算得到的检出限为 1.33 μmol/L。与已经报道的腺苷传感器相比，该传感系统显示出更加优越或者相当的分析性能（表 3-1）。上述结果表明，该荧光适配体传感器可用于溶液中腺苷的高灵敏检测。

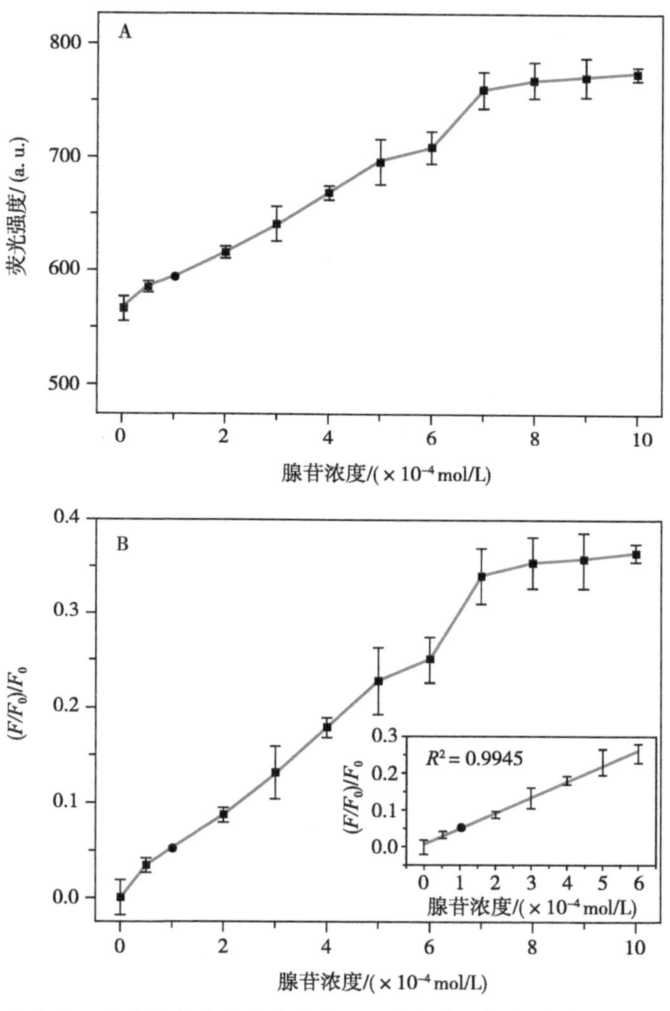

图 3-4 基于腺苷适配体的传感系统对腺苷的检测灵敏度。(A)存在不同浓度的腺苷时传感体系的荧光强度。腺苷的浓度依次为：0 μmol/L、50 μmol/L、100 μmol/L、200 μmol/L、300 μmol/L、400 μmol/L、500 μmol/L、600 μmol/L、700 μmol/L、800 μmol/L、900 μmol/L 和 1000 μmol/L。(B)传感体系的校正曲线，插图为低浓度腺苷的 $(F-F_0)/F_0$ 与浓度的线性相关图。F_0 和 F 分别表示未加入腺苷和加入腺苷后传感系统的荧光强度。激发和发射波长分别为 300 nm 和 367 nm

表 3–1　基于适配体与 2–AP 探针的荧光检测方法与其他腺苷检测方法的比较

分析方法	传感器策略	线性范围	检测限	检测时间	参考文献
荧光	2–AP 探针	50 ～ 600 μmol/L	1.33 μmol/L	55 min	该研究
荧光	klenow 片段聚合酶 /SYBR	0 ～ 1.5 mmol/L	12 μmol/L	2 h 20 min	291
荧光	适配体 / 发光铱（Ⅲ）复合物	5 ～ 120 μmol/L	5 μmol/L	没有提到	292
荧光	适配体 /PicoGreen	0.0005 ～ 5 mmol/L	0.5 μmol/L	23 min	293
荧光	适配体 / 链霉亲和素磁性纳米珠	1.0 ～ 100 μmol/L	0.42 μmol/L	8.5 h	294
荧光	自组装发夹结构	30 ～ 680 μmol/L	6 μmol/L	～ 4 h	295
荧光	氧化石墨烯 / Exo Ⅲ	0.01 ～ 0.7 mmol/L	3.1 μmol/L	1 h 50 min	35
荧光偏振	生物素 / 链霉亲和素	0.5 ～ 1000 μmol/L	0.5 μmol/L	55 min	296
比色	适配体 / 金纳米粒子（AuNP）	0.02 ～ 2 mmol/L	20 μmol/L	没有提到	297
电化学	59– 硫化部分链（PCS）/ 金	1 ～ 100 μmol/L	0.1 μmol/L	3 h 40 min	298

3.4 小结

本章利用腺苷适配体和一个 2-AP 探针建立了一种操作简单、检测快速、高灵敏度和高选择性的信号增强型荧光传感器用于腺苷的检测。2-AP 探针是用 2-AP 将 DNA 中的一个腺嘌呤替代。该传感器对腺苷浓度检测的线性范围为 10 ～ 600 μmol/L，最低检测限为 1.33 μmol/L。此传感器还具有以下特点：首先，该方法不需要复杂的仪器和操作，且不需要额外的猝灭剂就可实现对腺苷的高灵敏度检测；其次，该传感器不需对腺苷适配体进行修饰，不会影响适配体与腺苷的亲和性；再次，该检测方法操作时间为 55 min，成本低，所需样品量少；最后，与传统荧光基团和分子信标相比，2-AP 具有更好的光稳定性[281]。这些特征使该腺苷传感器具有较好的应用前景。

4

基于核酸外切酶Ⅰ辅助信号放大的荧光腺苷传感器

4.1 引言

腺苷是一种在多种组织器官的生理过程中起着重要作用的内源性嘌呤核苷。首先，它在外周、中枢神经系统和免疫系统中起着重要的信号传递作用[300–302]。其次，腺苷也有促肿瘤活性作用[303, 304]。另外，它也是合成ATP、腺苷酸和阿糖腺苷必不可少的中间体[305, 306]。

核酸适配体是通过指数富集配体（SELEX）从随机寡核苷酸文库筛选出的ssDNA或RNA分子[3, 4]。它们能够特异性地和高灵敏性地与它们预先选定的靶分子结合。因其具有易合成、易标记、稳定性好、目标识别性能好等优点，被广泛应用于检测金属离子、小分子、蛋白质、细胞和微生物。

1995年，Huizenga和Szostak首次筛选出了可以与腺苷高选择性和高灵敏性结合的适配体[283, 307]。利用此适配体已经通过不同的方法，包括荧光电化学发光（ECL）[308]、表面增强的拉曼散射[309]、电化学方法[310]和电化学阻抗谱（EIS）[48]对腺苷进行了检测。其中，基于荧光的检测方法是利用适配体的最常用的检测方法之一。然而，大多数荧光法都需要用荧光基团和猝灭基团标记适配体[311, 312]，且标记过程费时、费力、费钱。因此，一些使用结构选择性荧光染料[313]或昂贵纳米粒子[314–316]的免标记适配体的方法发展起来。但是，大多数的免标记方法都需要进行复杂的寡核苷酸序列设计，而且一些DNA结构的选择性荧光染料是有毒的[291, 293]。

2-氨基嘌呤（2-AP）是一种具有荧光的腺嘌呤类似物，广泛用于核酸结构和动力学的研究[317, 318]。2-AP在溶液中具有强荧光[318]，当它被引入DNA结构后，因其相邻碱基的堆积作用，2-AP荧光会大幅猝灭[319, 320]。此外，由于双链DNA中的碱基堆积的叠加作用，双链DNA中2-AP的荧光比ssDNA中2-AP的荧光要低得多[298, 321–323]。由于2-AP是一种优良的荧光探针，所以已经出现了一些利用 2–AP 的传感器。例如，2–AP 被用于对 DNA 聚合酶催化反应动力学参数的高灵敏度的测定 [324]。Xu 等设计了一个基于 Exo I 靶标循环信号放大技术的传感器对 DNA 和蛋白质，实现了高灵敏度检测 [325]。Zhu 等利用靶标循环信号放大技术结合 2–AP 探针构建了一种对 let–7a miRNA 进行高灵敏检测的传感器 [326]。Ma 将 2–AP 标记的发夹探针及 Exo I 结合用于 miRNA 的检测 [327]。Zhou 等利用 2–AP 探针对 Na^+ 适配体的折叠结构进行了研究 [328]。

核酸外切酶 I（Exo I）是一种可以将 ssDNA 沿 3′→5′ 方向逐步切去单核苷酸的核酸外切酶。Wu 设计了一种利用 Exo I 的新型荧光传感器。此传感器利用了分别标记有荧光基团和猝灭基团，并且可以与葡萄球菌肠毒素 B（SEB）适配体互补结合的两条 DNA 片段。当加入 SEB 时，适配体因与 SEB 结合，便不能与 DNA 片段进行结合形成双链，荧光基团与猝灭基团远离。加入 Exo I 后，Exo I 可将与 SEB 结合的适配体酶解，释放出 SEB 去结合新的适配体，荧光信号得到放大。此传感器的最低检测限低至 0.3 pg/mL [329]。Zheng 等利用凝血酶的适配体、SYBR Gold 和 Exo I，通过 Exo I 来降低传感系统的背景荧光，提高信噪比，实现了对 Na^+ 的低背景检测。此方法简单、灵敏并且利用此传感器，也同样进行了凝血酶和可卡因的检测 [330]。

本章中笔者利用适配体与腺苷的亲和力高于适配体与其互补 DNA 的结合力以及 2–AP 对周围碱基堆积的敏感性建立了一种基于适配体的荧光增强型适配体传感器用于腺苷检测。与传统荧光基团与分子信标相比，2–AP 荧光探针荧光的猝灭不需要猝灭剂，在医疗诊断应用方面具有较大的潜力。

4.2 实验部分

4.2.1 试剂与材料

三羟甲基氨基甲烷（Tris）、腺苷、2-AP 购于 Sigma-Aldrich 公司。胎牛血清来源于 Sangon Biotech Co., Ltd.（上海）。肌苷、鸟苷、尿苷和胞苷购于阿拉丁试剂（上海）有限公司。Exo I 由 TaKaRa Biotechnology Inc.（大连）提供。实验所需其他试剂均来源于上海国药集团化学试剂有限公司，且实验所用试剂均为未经进一步处理或纯化的分析纯。实验用水均为二次蒸馏水。所有工作溶液都采用 Tris-HCl 缓冲液（20 mmol/L，pH 7.4，0.05 mol/L NaCl）配制。

DNA 序列由 Sangon Biotech Co., Ltd.（上海）合成并进行 HPLC 纯化，且在使用前不对其进行其他特殊处理。本实验所使用的 DNA 序列为：

Apt-A：5′-ACCTGGGGGAGTATTGCGGAGGAAGGT-3′

APD：5′-ACCTTCCTCCGC/2-aminopurine/ATACTCCCCCAGGT-3′

4.2.2 实验仪器

荧光强度检测在 F-2500 荧光分光光度计（Hitachi，日本）上进行，激发波长为 300 nm，发射波长为 367 nm。荧光发射光谱记录波长范围为 350 ～ 450 nm。荧光各向异性检测在 LS 55 荧光/磷光/发光分光光度计（PE，美国）上进行，激发波长和发射波长分别为 300 nm 和 367 nm。除特殊说明外，该实验所有检测均在室温下完成。

4.2.3 荧光法测定腺苷

腺苷适配体 Apt–A 及其中一个碱基用 2–AP 取代的 Apt–A 的互补 DNA（APD）用 Tris–HCl 缓冲液溶解配成储备液，浓度为 5 μmol/L，置于 – 20℃保存。将 5 μmol/L 的 Apt–A 10 μL 与不同浓度的腺苷混合，37 ℃下孵育 25 min，然后加入 5 μmol/L 的 APD 10 μL，37 ℃下孵育 30 min 后，将 20 U Exo I 加入上述的混合液，并继续在 37 ℃下孵育 5 min。用 Tris–HCl 缓冲液定容至 1 mL 后对混合溶液的荧光发射光谱进行测定。通过利用其他物质代替腺苷进行同样的实验对该传感器的选择性进行测定。

4.3 结果与讨论

4.3.1 检测原理

Apt–A 与 APD 结合后形成的 Apt–A/APD 双链的荧光低于游离的 2–AP 的荧光[33-37]。无腺苷存在时，Apt–A 与 APD 形成双链，阻止了 Exo I 对 APD 的酶解，因为双链的碱基堆积作用，2–AP 的荧光被大幅猝灭。腺苷存在时，因 Apt–A 与腺苷形成 Apt–A/ 腺苷复合物，APD 与 Apt–A 无法形成双链，所以当加入 Exo I 时，单链的 APD 被酶解，释放出游离的 2–AP，荧光明显增强。图 4–1 为基于腺苷适配体和 Exo I 的腺苷传感器的结构和工作原理示意图。由此，笔者构建了一种基于适配体和 Exo I 的荧光增强型生物传感器用于腺苷的定量检测。

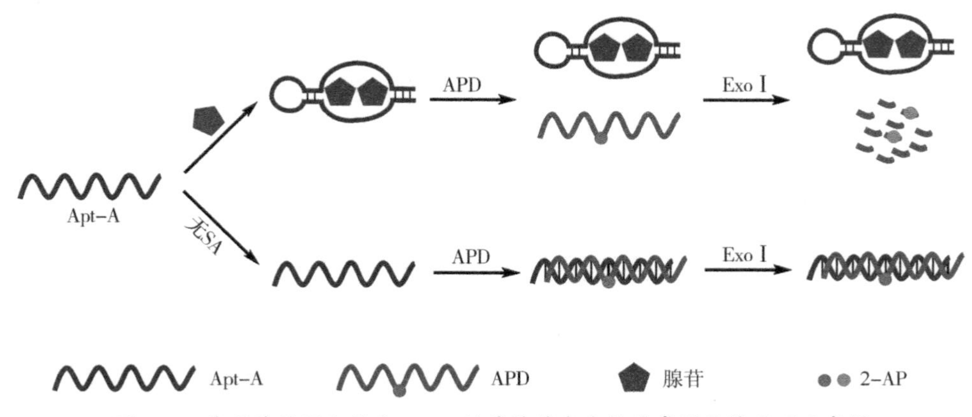

图 4–1 基于腺苷适配体和 Exo I 的腺苷荧光生物传感器设计原理示意图

4.3.2 可行性分析

笔者对此传感系统在不同条件下的荧光发射光谱进行了测定以证明试验的可行性。结果如图 4–2 所示，游离的 2–AP 显示出强荧光（图 4–2，曲线 a）。当 2–AP 被嵌入单链 APD 时，因碱基堆积作用，荧光强度被大幅猝灭（图 4–2，曲线 b）。Apt–A/APD 的荧光（图 4–2，曲线 c）低于 APD（图 4–2，曲线 b），表明 Apt–A 与 APD 形成了双链。没有腺苷存在时，向上述溶液加入 Exo I，荧光变化很小（图 4–2，曲线 e），表明 Apt–A/APD 双链的形成阻止了 Exo I 对 APD 的酶解。但是当腺苷存在时，在加入 Exo I 后荧光信号会明显增强（图 4–2，曲线 f），表明 Apt–A 能与腺苷结合并形成复合物，APD 无法与 Apt–A 形成双链，遂 APD 被 Exo I 酶解，2–AP 被释放，荧光猝灭效率降低，使得体系呈现强荧光。

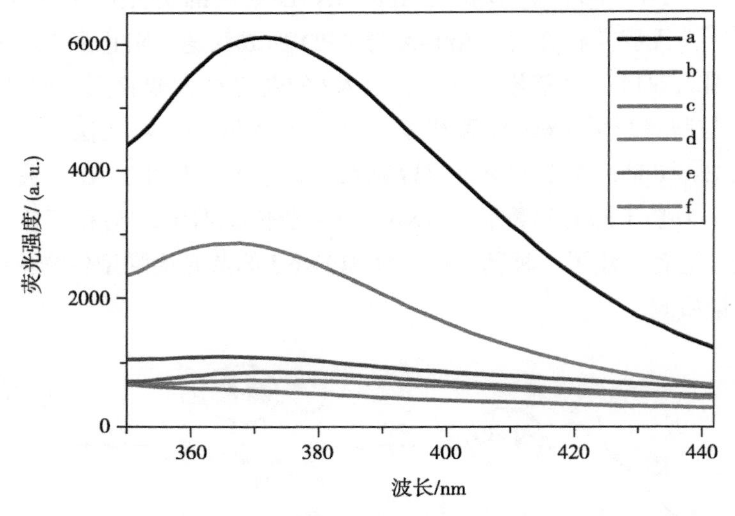

图 4–2 基于腺苷适配体和 Exo I 的传感系统在不同条件下的荧光发射光谱：（a）2–AP，（b）APD，（c）Apt–A+APD，（d）Apt–A+adenosine+APD，（e）Apt–A+APD+Exo I，（f）Apt–A+adenosine+APD+Exo I。2–AP、APD、Apt–A、腺苷和 Exo I 的浓度分别为 50 nmol/L、50 nmol/L、50 nmol/L、500 μmol/L 和 20 U。激发波长和发射波长分别为 300 nm 和 367 nm

荧光各向异性（fluorescence anisotropy，FA）是一种通过分子旋转运动和能量共振转移高灵敏检测，而反映分子构象、排列方向、尺寸和纳米环境条件的方法 [258, 259]，可用于研究荧光分子的体积或形状的改变以及相互作用过程，是荧光物质的特有属性。为了深入了解APD、Apt-A、腺苷和Exo I之间的相互作用并进一步证明该传感器的可行性，笔者测定了该传感体系在不同条件下的FA值。如图4-3所示，APD在Tris-HCl缓冲液中FA值为0.195。在体系中加入Apt-A后，FA值上升到0.283，表明Apt-A与APD形成了双链，分子量和体积都增加了，阻碍了荧光染料的旋转扩散速率。在上述溶液中加入腺苷，FA值显著下降至0.222，表明腺苷可与Apt-A结合，使Apt-A远离APD。最后在体系中加入Exo I，FA值显著下降至0.109，表明APD被Exo I酶解。

笔者又进行了凝胶电泳试验以证明此传感系统的可行性，结果如图4-4所示。当腺苷存在时，在泳道4只出现了Apt-A的条带，在13-mer处无条带，说明Exo I将APD完全酶解成了单个的碱基，酶解并没有因为2-AP的存在而停止，2-AP并不能阻止Exo I对单链的酶解。以上结果一致表明，该传感系统完全具备对腺苷进行特异性检测的可行性。

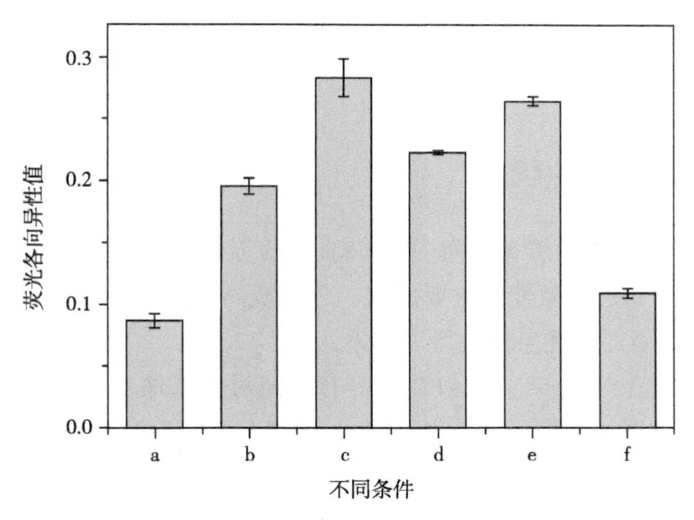

图4-3 传感系统在不同条件下的荧光各向异性值：(a) 2-AP，(b) APD，(c) Apt- A+APD，(d)Apt-A+adenosine+APD，(e)Apt-A+APD+Exo I，(f)Apt-A+adenosine+APD+Exo I。2-AP、APD、Apt-A、腺苷和Exo I的浓度分别为50 nmol/L、50 nmol/L、50 nmol/L、1000 μmol/L和20 U。激发波长和发射波长分别为300 nm和367 nm

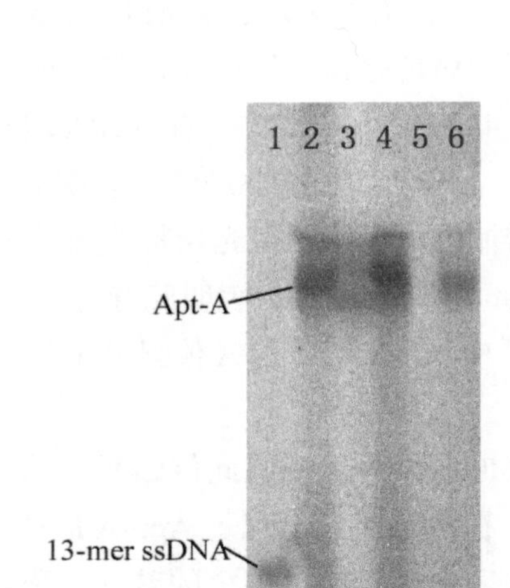

图 4–4 基于腺苷适配体和 Exo I 的腺苷荧光生物传感器的凝胶电泳图谱。条带 1，13 mer ssDNA；条带 2，Apt–A；条带 3，APD；条带 4，Apt–A/APD/ Exo I；条带 5，APD digested by Exo I；条带 6，Apt–A/adenosine/APD digested by Exo I

4.3.3 实验条件的优化

Apt–A 与 APD 的孵育时间、Exo I 的浓度及反应时间和实验所用缓冲液是影响此传感器的灵敏度的重要因素。为了提高此荧光生物传感器检测腺苷的灵敏度，笔者对上述条件进行了优化。

首先，笔者对 Apt–A 与 APD 的孵育时间对传感体系检测性能的影响进行了考察。如图 4–5 所示，在加入 500 μmol/L 腺苷后，随着 Apt–A 与 APD 的孵育时间的延长，传感系统的荧光强度快速下降，当孵育时间为 30 min 时，荧光强度达到平衡。因此，笔者选择 30 min 作为本传感体系中 Apt–A 与 APD 的最优孵育时间。

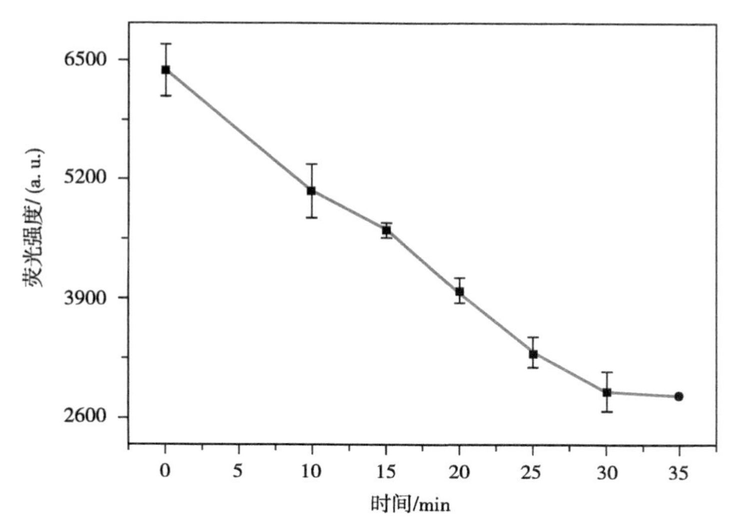

图 4–5　Apt–A 与 APD 孵育时间对传感体系荧光强度的影响。Apt–A、APD、腺苷和 Exo I 的浓度分别为 50 nmol/L、50 nmol/L、500 μmol/L 和 20 U。激发波长和发射波长分别为 300 nm 和 367 nm

因 Exo I 的浓度是影响传感体系检测性能的一个重要因素，所以笔者对不同浓度 Exo I 时，传感体系的荧光强度进行了测定。如图 4–6A 所示，当 Exo I 浓度达到 20 U 时，荧光强度达到最大，因此笔者选择 20 U 作为本传感体系中 Exo I 的最优浓度。接着，笔者对 Exo I 的反应时间也进行了优化。如图 4–6B 所示，加入 20 U Exo I 后，体系荧光强度快速下降，并在 5 min 达到平衡，因此笔者选择 5 min 作为本传感体系中 Exo I 的最优反应时间。

该体系的荧光强度也会受到缓冲液的影响，不同的缓冲液会对物质的反应产生影响。如图 4–7 所示，笔者对使用 20 mmol/L Tris–HCl 缓冲液（0.05 mol/L, NaCl，pH 7.4），20 mmol/L 磷酸缓冲液（0.05 mol/L NaCl，pH 7.4）和 50 mmol/L HEPES 缓冲液（NaCl 100 mmol/L，5 mmol/L $MgCl_2$，pH 7.6）三种不同的缓冲液时，传感体系的（F–F_0）/F_0 值（F_0 和 F 分别表示未加入腺苷和加入腺苷后传感系统在 367 nm 处的荧光强度）进行了考察。结果表明，在加入 500 μmol/L 腺苷后，使用 20 mmol/L Tris–HCl 缓冲液时 F/F_0 值最大，因此笔者在本传感体系中选择使用 20 mmol/L Tris–HCl 缓冲液。

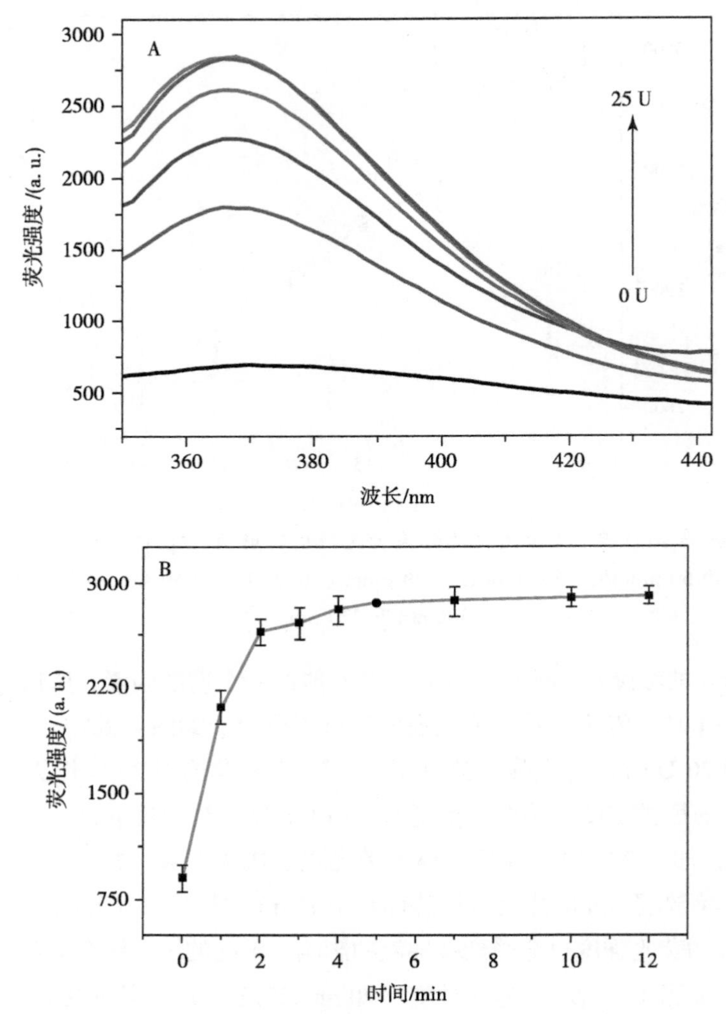

图 4-6 （A）Exo I 浓度对传感体系的影响。Apt-A、APD 和腺苷的浓度分别为 50 nmol/L、50 nmol/L 和 500 μmol/L。Exo I 的浓度分别为 0 U、5 U、10 U、15 U、20 U、25 U。（B）Exo I 反应时间对传感体系荧光强度的影响。Apt-A、APD、腺苷和 Exo I 的浓度为 50 nmol/L、50 nmol/L、500 μmol/L 和 20 U。激发波长和发射波长分别为 300 nm 和 367 nm

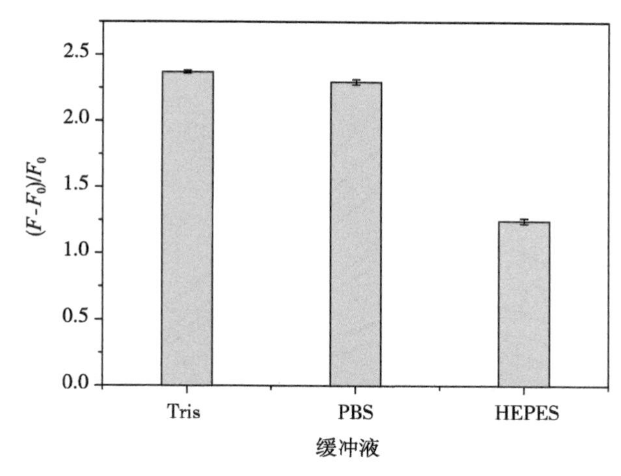

图 4–7　不同缓冲液对传感体系腺苷检测的影响。F_0 和 F 分别表示未加入腺苷和加入腺苷后传感系统在 367 nm 处的荧光强度。Apt–A、APD、腺苷和 Exo I 的浓度为 50 nmol/L、50 nmol/L、500 μmol/L 和 20 U。激发波长和发射波长分别为 300 nm 和 367 nm

4.3.4　传感器的灵敏度

在优化的实验条件下，笔者对该传感系统在加入不同浓度腺苷时的荧光光谱响应进行了测定，以考察传感器的灵敏度。实验结果如图 4–8 所示。传感系统在不同腺苷浓度下的荧光发射光谱图如图 4–8A 所示。在 10 ～ 600 μmol/L 腺苷浓度范围内，传感系统的荧光发射强度随腺苷浓度的增加而逐渐增大。该现象说明，随着腺苷浓度的增大，腺苷诱导形成的 Apt–A/ 腺苷复合结构数量逐渐增加，APD 无法与 Apt–A 形成双链，遂被随后加入的 Exo I 酶解，释放游离的 2–AP，荧光强度得以增强。图 4–8B 描述的是该传感器的校正曲线。如图所示，腺苷浓度在 10 ～ 600 μmol/L 范围内，传感器的荧光强度随腺苷浓度的增加持续增加，当腺苷浓度达到 600 μmol/L 时，荧光强度增大趋势变小。由图 4–8B 插图可见，（$F–F_0$）/F_0 与腺苷浓度在 10 ～ 600 μmol/L 的范围内呈良好的线性关系，线性回归方程为 y=0.47x–0.02，线性相关系数为 R^2=0.9933。按照 3δ/S（δ 为对空白样品进行多次测定的标准偏差，S 为标准曲线的斜率）计算得到的检出限为 0.30 μmol/L。与已经报道的腺苷传感器相比，该传感系统显示出更加优越或者相当的分析性能（表 4–1）。以上结果表明，笔者提出的荧光适配体传感器可用于溶液中腺苷的高灵敏检测。

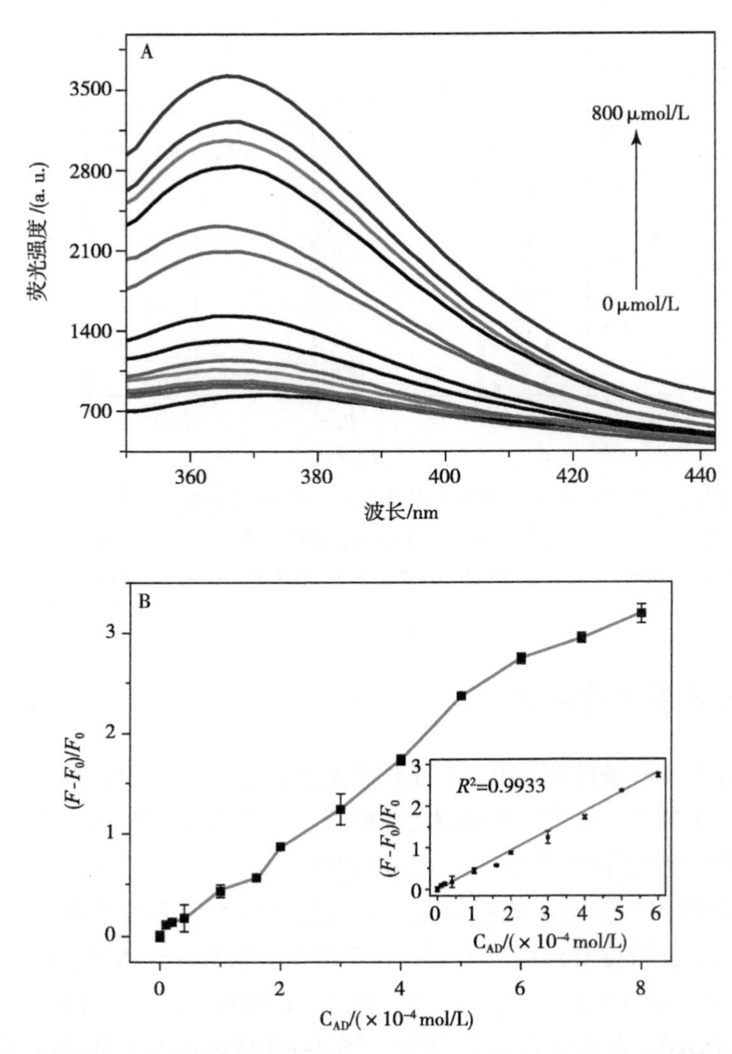

图 4-8　传感系统对腺苷的检测灵敏度。（A）存在不同浓度的腺苷时传感体系的荧光发射光谱。箭头表示的是随腺苷的浓度增加荧光信号的变化趋势，腺苷的浓度依次为：0 μmol/L、10 μmol/L、20 μmol/L、40 μmol/L、80 μmol/L、100 μmol/L、160 μmol/L、200 μmol/L、300 μmol/L、400 μmol/L、500 μmol/L、600 μmol/L、700 μmol/L 和 800 μmol/L。（B）传感体系的校正曲线，插图为低浓度腺苷的 $(F-F_0)/F_0$ 与浓度的线性相关图。F_0 和 F 分别表示未加入腺苷和加入腺苷后传感系统的荧光强度。激发和发射波长分别为 300 nm 和 367 nm

4.3.5　传感器的选择性

笔者对腺苷的 4 种结构类似物肌苷、鸟苷、胞苷和尿苷单独存在时传感器的荧光响应进行了测定以考察该传感器的选择性。实验结果如图 4–9 所示。可以看出，在实验条件相同的情况下，加入腺苷的类似物后传感体系不会产生明显的荧光增强，只有加入腺苷才能引起荧光强度的显著改变。而且，腺苷引起的荧光变化与混合物（腺苷、肌苷、鸟苷、胞苷和鸟苷）引起的荧光变化差异很小。上述结果表明，该传感器能够将腺苷从其他 4 种物质中区分开来，该传感器对腺苷具有较高的选择性。

表 4–1 基于腺苷适配体和 Exo I 的荧光检测方法与其他腺苷检测方法的比较

分析方法	传感器策略	线性范围	检测限	检测时间	参考文献
荧光	2–AP 探针 /Exo I	10 ～ 600 μmol/L	0.30 μmol/L	1 h	本研究
荧光	klenow 片段聚合酶 /SYBR	0 ～ 1.5 mmol/L	12 μmol/L	2 h 20 min	291
荧光	适配体 / 发光铱（Ⅲ）复合物	5 ～ 120 μmol/L	5 μmol/L	没有提到	292
荧光	适配体 /PicoGreen	0.0005 ～ 5 mmol/L	0.5 μmol/L	23 min	293
荧光	适配体 / 链霉亲和素磁性纳米珠	1.0 ～ 100 μmol/L	0.42 μmol/L	8.5 h	294
荧光	自组装发夹结构	30 ～ 680 μmol/L	6 μmol/L	～ 4 h	295
荧光	氧化石墨烯 / Exo Ⅲ	0.01 ～ 0.7 mmol/L	3.1 μmol/L	1 h 50 min	35
荧光偏振	生物素 / 链霉亲和素	0.5 ～ 1000 μmol/L	0.5 μmol/L	55 min	296
比色	适配体 / 金纳米粒子（AuNP）	0.02 ～ 2 mmol/L	20 μmol/L	没有提到	297
电化学	59– 硫化部分链（PCS）/ 金	1 ～ 100 μmol/L	0.1 μmol/L	3 h 40 min	298

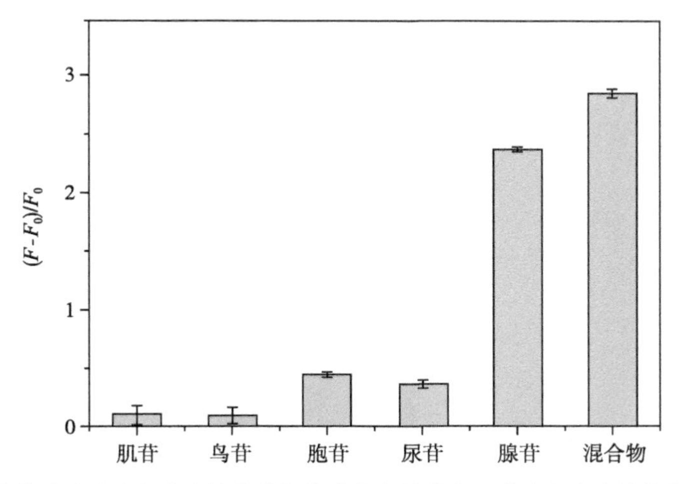

图 4–9 传感器对腺苷和其他结构类似物的荧光增强比。腺苷和其他结构类似物的浓度都为 500 μmol/L。激发和发射波长分别为 300 nm 和 367 nm

4.3.6　传感器的实际应用

通过加标法笔者对该传感器用于实际样品检测的能力进行了考察。采用在胎牛血清样品中加入一定浓度的腺苷并检测其回收率，实验结果如表 4–2 所示。因为胎牛血清中含有大量的蛋白质会对检测有所影响，因此在检测时要对胎牛血清进行适度稀释。该实验对其稀释 200 倍，以降低荧光背景。从表 4–2 可以看出，该传感器对腺苷检测的加标回收率在 91.7% ～ 105.9%，满足血清样品检测实验要求。由上可见，本章提出的腺苷检测方法可以成功地应用于实际样品的检测。

表 4–2　胎牛血清中的加样回收率

样品	加入量 /（μmol/L）	回收量，mean± SD/（μmol/L，$n = 3$）	回收率 /%
1	40	42.4 ± 5.4	105.9
2	80	77.0 ± 8.5	96.3
3	160	150.1 ± 5.6	93.8
4	300	275.0 ± 8.7	91.7

4.4 小结

本章利用腺苷适配体、Exo I 和一个 2-AP 探针建立了一种操作简单、检测快速、高灵敏度和高选择性的信号增强型荧光传感器用于腺苷的检测。2-AP 探针是用 2-AP 将 DNA 中的一个腺嘌呤替代构建的。该传感器对腺苷浓度检测的线性范围为 10 ～ 600 μmol/L，最低检测限为 0.30 μmol/L。与之前报道的腺苷传感器相比，该传感器还具有以下特点：首先，该方法可实现对腺苷的高灵敏度检测，不需要复杂的仪器和操作，且不需要额外的猝灭剂；其次，该检测方法操作时间为 1 h，成本低，所需样品量少；再次，与传统荧光基团和分子信标相比，2-AP 具有更好的光稳定性[281]；最后，通过改变适配体，该方法也可望被用于其他的物质的检测。

5

基于末端保护和核酸外切酶Ⅲ循环放大的蛋白质荧光传感器

5.1 前言

小分子与蛋白质反应的研究对于化学、生物[331]和医学[332]领域都具有重要意义，因其不仅可以帮助揭示许多重要生理过程的机理，还可以为分子诊断、抗癌治疗[333]与生物医学研究提供条件。迄今为止，已有很多分析方法被用于蛋白质和小分子的检测。单克隆抗体和适配体是蛋白质检测的常用方法[333]，特别是适配体具有分子量低、合成简单、稳定性好及易修饰等优点[334]。但是适配体数量较少，且一些蛋白质的适配体是RNA，所以限制了适配体的应用。另外，RNA 适配体不稳定，容易被酶解。Wu 等利用蛋白质与连接在DNA 上的小分子结合构建了一种检测蛋白质的新方法[335]，称为小分子连接DNA 的末端保护（TPSMLD）。此方法利用的原理是小的有机分子与靶标蛋白受体结合后可阻止核酸外切酶 Exo I 对 DNA 3′ 端的酶切降解。

利用 TPSMLD 原理，近年来，发展了一些不同的方法构建传感器来对H5N1 抗体[336，337]和叶酸受体[338，339]进行检测。为了提高检测的灵敏度，一些电化学放大技术[340-342]也被应用于基于 TPSMLD 的检测方法。但是在电化学方法中需要进行分子的表面固定而且需要多种酶参与。Exo Ⅲ被广泛应用于 DNA 循环放大检测方法中对 DNA[343-345]、小分子[346，347]、离子[348]和蛋白质[349，350]进行检测，且此种信号放大方法的应用具有普遍性和可行性[333]。

核酸外切酶Ⅲ（Exo Ⅲ）是一种作用于 dsDNA 平末端或 3′ 凹陷末端的核酸外切酶。可沿 3′ → 5′ 方向逐步切去单核苷酸[351，352]。因其独特的催化特性，Exo Ⅲ常被应用于 DNA 检测或适配体生物传感器中。Liu 等以 ATP 适配体为基础设计了一个 5′ 端和 3′ 端分别用 6-FAM 和 BHQ1 修饰的核酸发夹结构，来提高 Exo Ⅲ的敏感性用以检测 ATP[353]。没有 ATP 时，核酸折叠成一个具有 3′ 突出末端不能被 Exo Ⅲ作用的发夹结构，导致 6-FAM 和 BHQ1 靠近，荧光猝灭。当 ATP 存在时，探针与 ATP 结合后构象发生变化，被 BHQ1 修饰的 3′ 端形成凹陷末端后被 Exo Ⅲ酶解，BHQ1 从探针上脱落。同时，ATP 也从探针脱落，重新与新的探针进行结合，形成循环放大信号。此方法设计巧妙，最低检测限可达到 0.25 μmol/L。同样的方法还被应用于凝血酶和可卡因的检测。Hu 等报道了一个利用 GO 和 Exo Ⅲ共同作用实现信号放大的传感器。这个传感器中，适配体和 cDNA 的 3′ 端都有 4 个突出的胸腺嘧啶来防止被 Exo Ⅲ酶切。Exo Ⅲ的使用，同样实现了信号的循环放大，LOD 可达到 1 nmol/L[346]。

本章中笔者基于 TPSMLD 原理利用 Exo Ⅲ进行 DNA 循环放大，以链霉亲和素 – 生物素为例，构建了一个对小分子 – 蛋白质反应实现高灵敏度检测的传感器。在传感过程中，生物素标记的双链 DNA 作为结合探针。当无链霉亲和素存在时，完全互补的两条链结合成双链，并从 3′ 端全部被 Exo Ⅲ酶解。在链霉亲和素存在时，被生物素进行 3′ 端标记的 DNA 链被保护了起来，阻止了 Exo Ⅲ的酶解，而它的互补链被酶解。所以被生物素进行 3′ 端标记的 DNA 链会继续进入下一个信号放大循环中，并产生强荧光信号。该传感器实现了对小分子 – 蛋白质反应的高灵敏检测。与传统荧光检测方法相比，2–AP 探针荧光的猝灭不需要猝灭剂，在医疗诊断应用方面具有较大的潜力。

5.2 实验部分

5.2.1 试剂与材料

氨基甲烷（Tris）、凝血酶和叶酸受体购于 Sigma–Aldrich 公司。胎牛血清来源于 Sangon Biotech Co., Ltd.（上海）。链霉亲和素（SA）购于美国 Amresco 公司。Exo Ⅲ购于 TaKaRa Biotechnology Inc.（大连）。实验所需其他试剂均来源于上海国药集团化学试剂有限公司，且实验所用试剂均为未经进一步处理或纯化的分析纯。实验用水均为二次蒸馏水。所有工作溶液都采用 Tris–HCl 缓冲液（50 mmol/L，300 mmol/L NaCl，5 mmol/L Mg^{2+}，pH 8）配制。

DNA 序列由 Sangon Biotech Co., Ltd.（上海）合成并进行 HPLC 纯化，且在使用前不对其进行其他特殊处理。本实验所使用的 DNA 序列为：

bio–DNA：5′–GATTTTGTACGTATGTTCTCTTGTTC–biotin–3′

A–bio–DNA：5′–GAACAAGAGAACATACGTACAAAATC–3′

2–AP DNA：5′–GAACAAGAGAAC/2– aminopurine/TACGTACAAAATC3′

5.2.2 实验仪器

荧光强度检测在 F–2500 荧光分光光度计（Hitachi，日本）上进行，激发波长和发射波长分别为 300 nm 和 367 nm。荧光发射光谱记录波长范围为 360 ～ 450 nm。荧光各向异性检测在 LS 55 荧光 / 磷光 / 发光分光光度计（PE，美国）上进行，激发波长和发射波长分别为 300 nm 和 367 nm。凝胶电泳试验是利用 DYY–12 电泳仪（北京六一仪器有限公司，北京）分离并用装有荧光检测器的凝胶成像系统（Tanon 1600，上海天能科技有限公司，上海）

进行拍照。除特殊说明外，该实验所有检测均在室温下完成。

5.2.3 电泳试验

将样品溶液分别加入 2% 的琼脂糖凝胶中，电泳在 120 V 电压和 1× 的 TBE 缓冲液中进行 80 min，并用 Tanon 1600 成像系统成像并记录图像。

5.2.4 荧光法测定生物素 – 链霉亲和素反应

将 bio–DNA、A–bio–DNA 和 2–AP–DNA 用 Tris–HCl 缓冲液溶解配成浓度为 5 μmol/L 的储备液并置于 –20 ℃保存。将 5 nmol/L bio–DNA 与 5 nmol/L A–bio–DNA 等体积混合后，在 37 ℃下孵育 1 h 以形成双链，作为连接探针。将 10 nmol/L 的连接探针与不同浓度的链霉亲和素混合，37 ℃下孵育 30 min。然后将 100 nmol/L 的 2–AP–DNA 和 50 U Exo Ⅲ加入上述的混合液，并继续在 37 ℃下孵育 1 h。最后用 Tris–HCl 缓冲液定容至 1 mL 并对混合溶液的荧光发射光谱进行测定。所有物质浓度均为混合后的最终浓度。通过利用其他物质代替链霉亲和素进行同样的实验，对该传感器的选择性进行测定。

5.3 结果与讨论

5.3.1 检测原理

生物素标记的 bio-DNA 和与其完全互补的 A-bio-DNA 可形成双链作为连接探针。无链霉亲和素时，加入 Exo Ⅲ后，连接探针从 3′ 端开始被完全酶解，没有明显的荧光信号。在链霉亲和素存在时，链霉亲和素与生物素结合，阻止了 Exo Ⅲ对 bio-DNA 的酶解，但是 A-bio-DNA 仍可被 Exo Ⅲ酶解。所以当加入与 bio-DNA 完全互补并且其中一个腺苷被 2-AP 替代的 2-AP-DNA 时，便会形成新的双链，双链形成后，2-AP-DNA 会被 Exo Ⅲ酶解，释放出游离的 2-AP，从而实现信号循环放大。荧光信号明显增强。图 5-1 为基于末端保护的 DNA 循环信号放大的链霉亲和素传感器的结构和工作原理示意图。

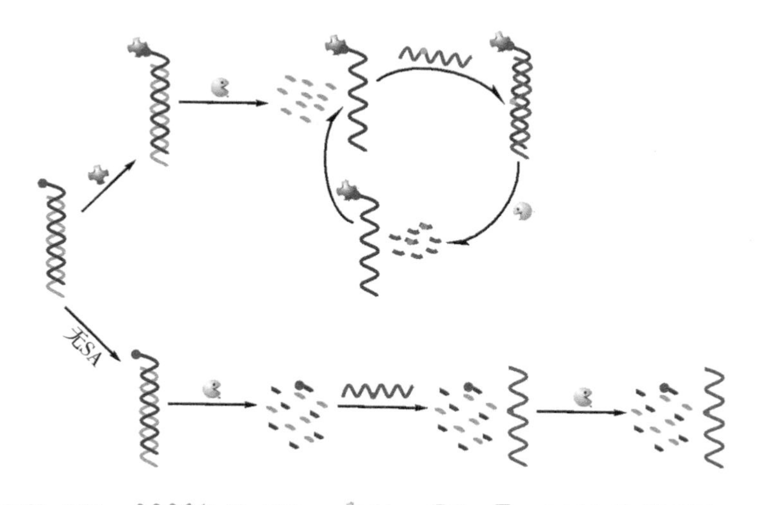

图 5-1 基于末端保护的 DNA 循环信号放大的链霉亲和素荧光传感器设计原理示意图

5.3.2 可行性分析

为了证明该试验的可行性，笔者考察了此传感系统在不同条件下的荧光发射光谱。如图 5-2 所示，当 bio-DNA/A-bio-DNA 在溶液中时，荧光强度很小（图 5-2，曲线 a）。当向 bio-DNA/A-bio-DNA 溶液加入 2-AP-DNA 后，因碱基堆积作用，荧光几乎没有变化（图 5-2，曲线 b）。当向上述溶液加入 Exo Ⅲ时，由于没有链霉亲和素存在，荧光变化很小（图 5-2，曲线 c），表明 2-AP-DNA 没有形成双链，所有没有被 Exo Ⅲ酶解，也没有游离的 2-AP 被释放。但是当链霉亲和素存在时，在加入 Exo Ⅲ后荧光信号会明显增强（图 5-2，曲线 d），表明链霉亲和素能与生物素结合并阻止 bio-DNA 被 Exo Ⅲ酶解，bio-DNA 会继续与 2-AP-DNA 形成双链，遂 2-AP-DNA 不断被 Exo Ⅲ酶解，2-AP 被大量释放，荧光猝灭效率降低，使得体系呈现强荧光。

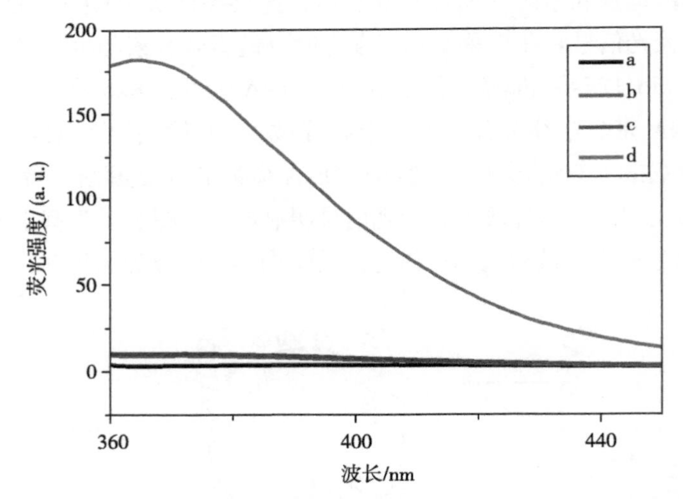

图 5-2 基于末端保护和 DNA 循环信号放大的传感系统在不同条件下的荧光发射光谱：(a) bio-DNA+A-bio-DNA，(b) bio-DNA+A-bio-DNA+2-AP-DNA，(c) bio-DNA+A-bio-DNA+2-AP-DNA+ Exo Ⅲ，(d) bio-DNA+A-bio-DNA+SA+2-AP-DNA+Exo Ⅲ。bio-DNA、A-bio-DNA、2-AP-DNA、SA 和 Exo Ⅲ的浓度分别为 10 nmol/L、10 nmol/L、100 nmol/L、500 ng/mL 和 50 U。激发波长和发射波长分别为 300 nm 和 367 nm

荧光各向异性（fluorescence anisotropy，FA）是一种通过分子旋转运动和能量共振转移高灵敏检测而反映分子构象、排列方向、尺寸和纳米环境条件的方法 [258, 259]，可用于研究荧光分子的体积或形状的改变以及相互作用过程，是荧光物质的特有属性。笔者对该传感体系在不同条件下的 FA 值进行了测定，以了解 bio-DNA、A-bio-DNA、链霉亲和素、2-AP-DNA 及 Exo Ⅲ之间的相互作用，并进一步证明该传感体系的可行性。如图 5-3 所示，bio-DNA 的 FA 值为 0.250，加入 A-bio-DNA 后 FA 值变为 0.341，表明 bio-DNA 与 A-bio-DNA 形成了双链，分子量和体积都增加了，阻碍了荧光染料的旋转扩散速率。在上述溶液中加入 2-AP-DNA 和 Exo Ⅲ，溶液的 FA 值为 0.324，说明 Exo Ⅲ使 bio-DNA/A-bio-DNA 酶解。当向 bio-DNA/A-bio-DNA 溶液中加入链霉亲和素后再加入 2-AP-DNA 和 Exo Ⅲ，FA 值降为 0.253。表明 A-bio-DNA 和 2-AP-DNA 都被 Exo Ⅲ酶解。

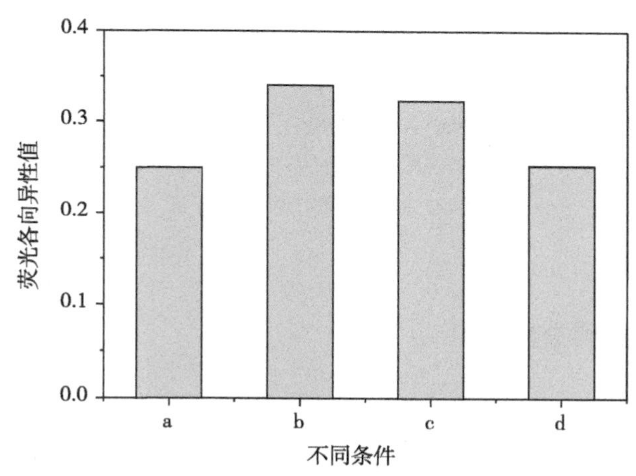

图 5-3 基于末端保护和 DNA 循环信号放大的传感系统在不同条件下的荧光各向异性值：(a)bio-DNA，(b)bio-DNA+A-bio-DNA，(c)bio-DNA+A-bio-DNA+2-AP-DNA+Exo Ⅲ，(d)bio-DNA+A-bio-DNA+SA+2-AP-DNA+Exo Ⅲ。bio-DNA、A-bio-DNA、2-AP-DNA、SA 和 Exo Ⅲ的浓度分别为 10 nmol/L、10 nmol/L、100 nmol/L、500 ng/mL 和 50 U。激发波长和发射波长分别为 300 nm 和 367 nm

凝胶电泳试验同样证明了此传感系统的可行性。如图 5-4 所示，bio-DNA/A-bio-DNA 可形成明显的条带（Lanes 1）。在上述溶液中加入 2-AP-DNA 后可形成两条明显的条带。当在 bio-DNA/A-bio-DNA 中加入 Exo Ⅲ时，没有明亮的条带，证明 bio-DNA 与 A-bio-DNA 形成的双链被 Exo Ⅲ酶解。当链霉亲和素存在时，在加入 Exo Ⅲ后，没有与出现 bio-DNA/A-bio-DNA+2-AP-DNA 相同的条带，说明在链霉亲和素存在时，由于链霉亲和素与生物素结合，阻止了 Exo Ⅲ对 bio-DNA 的酶解，但可与 bio-DNA 结合形成双链的 A-bio-DNA 和 2-AP-DNA 却被 Exo Ⅲ酶解。

图 5–4 基于末端保护的 DNA 循环信号放大的荧光链霉亲和素传感器的凝胶电泳图谱。条带 1，bio–DNA+A–bio–DNA；条带 2，bio–DNA+A–bio–DNA+2–AP–DNA；条带 3，bio–DNA+A–bio–DNA+Exo Ⅲ；条带 4，bio–DNA+A–bio–DNA+SA+2–AP–DNA+Exo Ⅲ

5.3.3 实验条件的优化

Exo Ⅲ的浓度及反应时间是影响该传感器灵敏度的重要因素。为了提高基于末端保护的 DNA 循环信号放大的链霉亲和素荧光传感器检测链霉亲和素的灵敏度，笔者对上述条件进行了优化。

首先，笔者对 Exo Ⅲ的浓度对传感体系检测性能的影响进行了考察。如图 5–5 所示，当 Exo Ⅲ浓度达到 50 U 时，荧光强度达到最大，因此笔者选择 50 U 作为本传感体系中 Exo Ⅲ的最优浓度。接着，笔者又对 Exo Ⅲ的反应时间进行了优化。如图 5–6 所示，加入 50 U Exo Ⅲ后，体系荧光强度下降，并在 60 min 达到平衡，因此笔者选择 60 min 作为本传感体系中 Exo Ⅲ的最优反应时间。

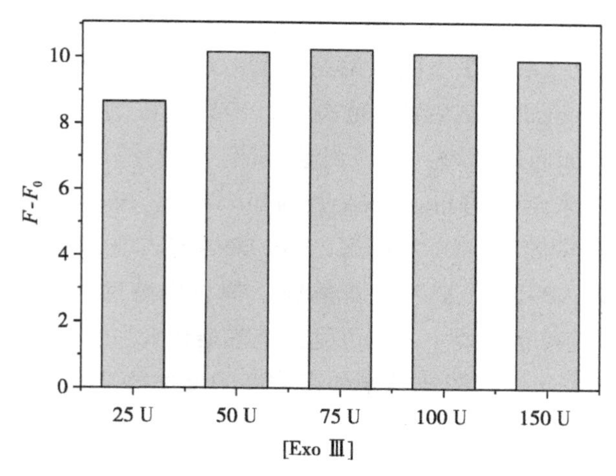

图 5-5　Exo Ⅲ浓度对传感体系的影响。bio-DNA、A-bio-DNA、2-AP-DNA 和 SA 的浓度分别为 10 nmol/L、10 nmol/L、100 nmol/L 和 500 ng/mL。激发波长和发射波长分别为 300 nm 和 367 nm

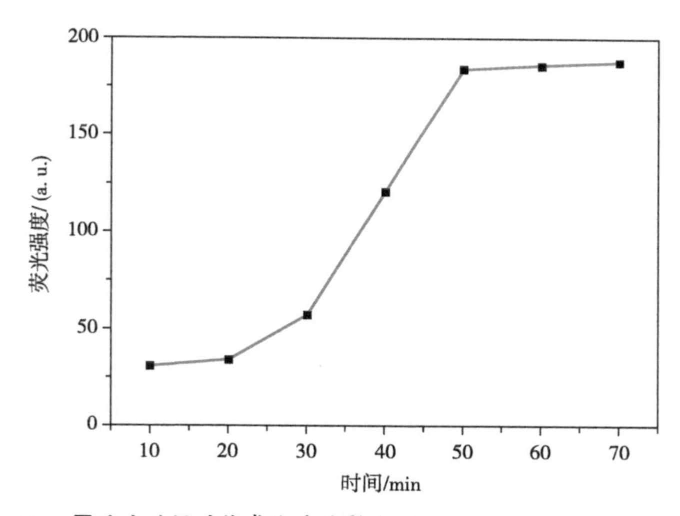

图 5-6　Exo Ⅲ反应时间对传感体系的影响。bio-DNA、A-bio-DNA、2-AP-DNA、SA 和 Exo Ⅲ的浓度分别为 10 nmol/L、10 nmol/L、100 nmol/L、500 ng/mL 和 50U。激发波长和发射波长分别为 300 nm 和 367 nm

5.3.4　传感器的灵敏度

为了考察传感器的灵敏度，在优化的实验条件下，笔者测定了该传感系统加入不同浓度链霉亲和素时的荧光光谱响应，实验结果如图 5-7 所示。图 5-7A 显示的是传感系统在不同链霉亲和素浓度下的荧光发射光谱，可以看出，在 0 ～ 200 ng/mL ConA 浓度范围内，传感系统的荧光发射强度随链霉亲和素浓度的增加而逐渐增大。该现象说明，随着链霉亲和素浓度的增大，链霉亲和素与越来越多的 bio-DNA 上的 bio 结合，Exo Ⅲ无法使 bio-DNA/A-bio-DNA 双链中的 bio-DNA 酶解，bio-DNA 遂与加入的 2-AP-DNA 形成新的双链，使 2-AP-DNA 被 Exo Ⅲ酶解，释放出游离的 2-AP。图 5-7B 描述的是该传感器的校正曲线。由图可见，链霉亲和素浓度在 0 ～ 200 ng/mL 范围内，传感器的荧光强度随链霉亲和素浓度的增加持续增大，当链霉亲和素浓度达到 200 ng/mL 时，荧光强度增大趋势变小。由图 5-7B 插图可见，$(F-F_0)/F_0$ 与腺苷浓度在 0 ～ 200 ng/mL 的范围内呈良好的线性关系，线性回归方程为 $y=0.35x+0.97$，线性相关系数为 $R^2=0.990$。根据空白的 3 倍标准偏差计算得到该传感器的检出限为 0.83 ng/mL。如上所述，此荧光适配体传感器可用于溶液中链霉亲和素的高灵敏度检测。

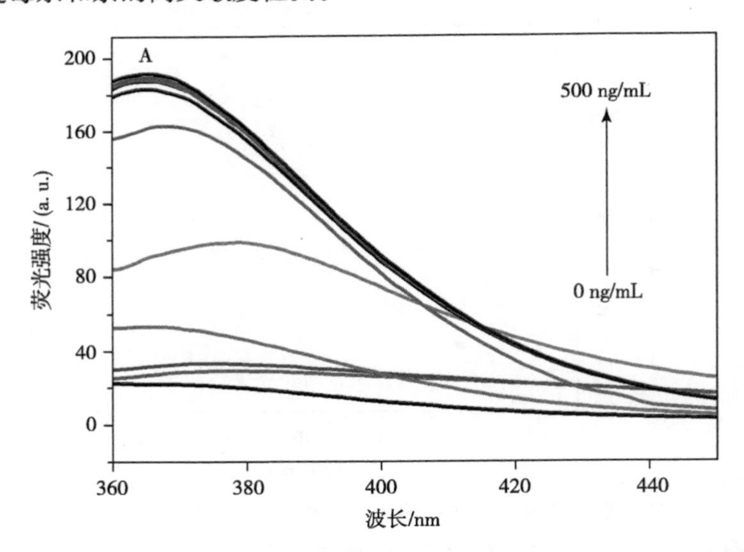

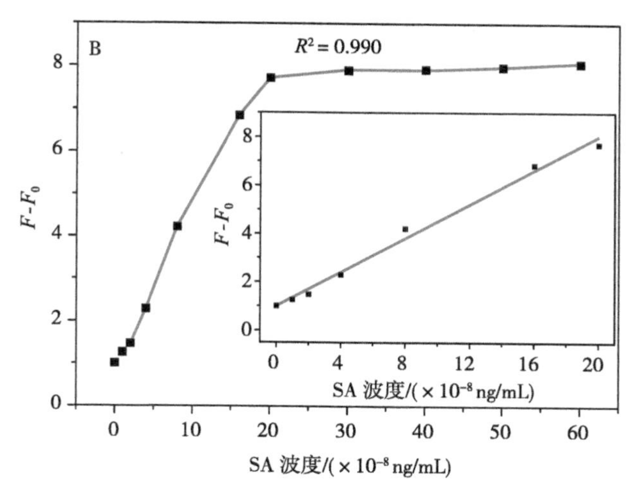

图 5-7 传感系统对链霉亲和素的检测灵敏度。（A）存在不同浓度的 SA 时传感体系的荧光发射光谱。箭头表示的是随链霉亲和素的浓度增加荧光信号的变化趋势，SA 的浓度依次为：0 ng/mL、10 ng/mL、20 ng/mL、40 ng/mL、80 ng/mL、120 ng/mL、160 ng/mL、200 ng/mL、300 ng/mL、400 ng/mL、500 ng/mL 和 600 ng/mL。（B）传感体系的校正曲线，插图为低浓度链霉亲和素的 $(F-F_0)/F_0$ 与浓度的线性相关图。F_0 和 F 分别表示未加入链霉亲和素和加入链霉亲和素后传感系统的荧光强度

5.3.5 传感器的选择性

笔者考察了链霉亲和素的三种结构类似物凝血酶、牛血清白蛋白和叶酸受体单独存在时对传感器荧光响应的影响，实验结果如图 5-8 所示。可以看出，在相同实验条件下，用其他不能与生物素结合的蛋白质代替链霉亲和素进行实验，传感体系不会产生明显的荧光增强，只有加入链霉亲和素才能引起荧光强度的显著改变。以上结果表明，该传感器能够将链霉亲和素与其他三种物质进行区分，该传感器对链霉亲和素具有较高的选择性。

5.3.6 传感器的实际应用

利用加标法笔者对该传感器用于实际样品检测的能力进行了考察。通过在胎牛血清样品中加入一定浓度的腺苷来检测该传感器的回收率，实验结果如表 5-1 所示。因为胎牛血清中含有大量的蛋白质，因此在检测时要对胎牛

血清进行适度稀释。该实验对胎牛血清稀释200倍，以降低荧光背景。从表5–1可以看出，该传感器对链霉亲和素检测的加标回收率在91.1%～109.3%，满足血清检测实验要求。由上可见，本章提出的链霉亲和素检测方法可以成功地应用于实际样品的检测。

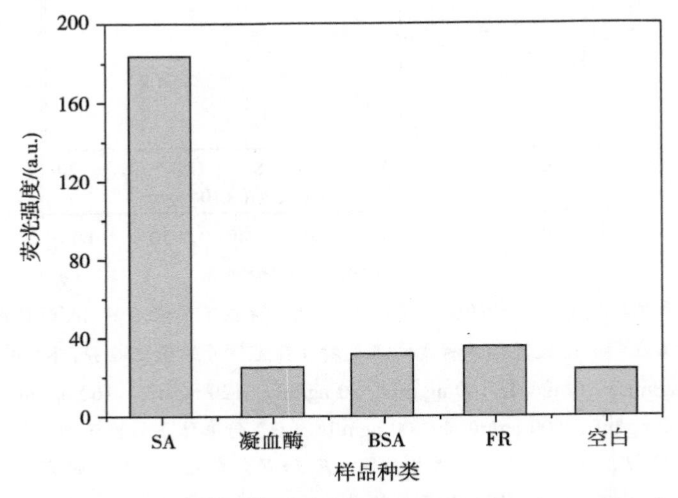

图 5–8　传感器对SA和其他结构类似物的荧光增强比。SA和其他蛋白质的浓度都为200 ng/mL。激发和发射波长分别为300 nm和367 nm

表 5–1　胎牛血清中的加样回收率

样品	加入量 /（μmol/L）	回收量，mean± SD/（μmol/L，$n=3$）	回收率 /%
1	40	43.2 ± 6.1	109.3
2	100	104.1 ± 3.2	104.1
3	160	145.7 ± 4.0	91.1

5.4 小结

本章基于 TPSMLD 原理并利用 Exo Ⅲ进行 DNA 循环放大，以链霉亲和素 – 生物素为例，构建了一个对小分子 – 蛋白质反应实现高灵敏度检测的传感器。该传感器对链霉亲和素浓度检测的线性范围为 10 ～ 200 ng/mL，最低检测限为 0.83 ng/mL。与之前报道的检测小分子 – 蛋白质反应的传感器相比，该传感器还具有以下特点：首先，该方法可实现对小分子 – 蛋白质的高灵敏度检测，无需复杂的标记和固定，无需复杂的仪器，且不需要额外的猝灭剂；其次，该检测方法成本低，所需样品量少；最后，与传统荧光基团和分子信标相比，2–AP 具有更好的光稳定性（表 5–2）[298]。

表 5–2　基于 Exo Ⅲ和 DNA 的荧光检测方法其他检测方法的比较

检测策略	检测方法	线性范围	参考文献序号
量子点上的多负载酶	化学发光	1 pmol/L ～ 10 nmol/L	354
金纳米颗粒上的多负载酶	化学发光	0.1 pmol/L ～ 5.7 nmol/L	355
滚环放大（RCA）	荧光成像	3.5 fmol/L ～ 350 fmol/L	356
杂交链式反应（HCR）	荧光成像	1.3 fmol/L ～ 0.13 nmol/L	357
聚合酶链式反应	荧光成像	0.019 fmol/L ～ 19.2 μmol/L	358
多负载 DNA 在金纳米颗粒上与 PCR 结合	光散射	3 amol/L ～ 300 fmol/L	359
与 RCA 耦合的磁性粒子上的多负载 DNA	荧光	10 amol/L ～ 1 pmol/L	360
多负载 DNA 上的金纳米颗粒与 HCR 结合	电化学	0.7 amol/L ～ 0.7 nmol/L	361
Exo Ⅲ辅助靶标再循环	荧光	8.3 fmol/L ～ 83.3 pmol/L	362
Exo Ⅲ / 适配体探针	荧光	10 ～ 200 ng/mL	本研究

6

结　论

核酸可以在分子水平上进行功能设计和标记，并且能够进行简单、快速、低成本的化学合成，为构建多种分析对象的生物传感器提供了全新的检测平台。本研究基于适配体与靶标的特异性识别能力和结合能力及核酸与互补链的结合能力，利用荧光光谱法发展了一系列灵敏度高、选择性好、简单快捷的生物传感体系用于蛋白质和生物小分子的检测，并对这些分析技术应用于实际样品的分析能力进行了考察。主要研究成果[363-365]如下：

（1）基于适配体的特异性分子识别能力及信号转导能力，并利用氧化石墨烯作为新型荧光猝灭剂建立了一种信号增强型荧光传感器，用于 ConA 的检测。由于氧化石墨烯超强的荧光猝灭能力，极大地降低了体系的背景荧光，从而显著提高了 ConA 检测的灵敏度，对 ConA 的检测限为 0.87 nmol/L。该方法只需对 DNA 序列进行单标记即可，操作简便，检测不受其他共存类似物的干扰，可用于对 ConA 进行低成本、高灵敏度、高选择性检测。

（2）基于腺苷适配体对腺苷的高度特异性识别能力及 2–AP 对邻近碱基堆积的敏感性，利用适配体对靶标和互补核酸链不同的亲和力，建立了一种信号增强型荧光传感器用腺苷的检测。该方法利用 2–AP 构建荧光探针，荧光猝灭归因于 2–AP 邻近碱基的堆积作用，无需额外的猝灭剂，对腺苷的检测限为 1.33 μmol/L。该方法拓展了 2–AP 在生物传感领域的应用。随着适配体传感器的迅速发展，此传感体系可望用于其他生物小分子和蛋白质的检测。

（3）利用腺苷适配体、2–AP 探针和 Exo I 构建了一种高灵敏度和高选择性的信号增强型腺苷传感器。该方法基于适配体对腺苷和互补 DNA 不同的亲和力，并使用 Exo I 进行信号放大。与不使用 Exo I 的方法相比，该检测法可将检测信号放大 5 倍，灵敏度提高 4 倍，对腺苷的检测限为 0.30 μmol/L。另外，该方法检测不受其他共存核苷的干扰，对腺苷选择性好，可用于低成本、高通量腺苷检测，并可用于血清样品中腺苷的快速检测。这些特征使得该方法在医疗检测及诊断方面具有较好的应用前景。

（4）基于当小分子被结合到对应的蛋白质靶标上时，小分子连接 DNA 嵌合体的末端保护，可以保护 DNA 不被核酸外切酶降解的原理，建立了一种信号增强型荧光传感器用于链霉亲和素的检测。该方法利用 2–AP 构建荧光探针并使用 Exo Ⅲ进行信号放大循环，对链霉亲和素的检测限为 0.83 ng/mL。该方法可实现对小分子 – 蛋白质的高灵敏度检测，无需复杂的标记和固定，且不需要额外的猝灭剂，成本低，选择性好。

参 考 文 献

[1] Wilner O, Willner I. Functionalized DNA nanostructures[J]. Chem. Rev., 2012, 112 (4): 2528–2556.

[2] Iliuk A, Hu L, Tao W. Aptamers in bioanalytical applications[J]. Anal. Chem., 2011, 83 (12): 4440–4452.

[3] Tuerk C, Gold L. Systematic evolution of ligands by exponential enrichment: RNA ligands to bacteriophage T4 DNA polymerase[J]. Science, 1990, 249 (4968): 505–510.

[4] Ellington D, Szostak J. In vitro selection of RNA molecules that bind specific ligands[J]. Nature, 1990, 346 (6287): 818–822.

[5] Mao G, Wei T, Wang X, et al. High–sensitivity naphthalene–based two–photon fluorescent probe suitable for direct bioimaging of H_2S in living cells[J]. Anal. Chem., 2013, 85 (16): 7875–7881.

[6] Zhu H, Li J, Zhang X, et al. Cheminform abstract: nucleic acid aptamer–mediated drug delivery for targeted cancer therapy[J]. Chem. Med. Chem., 2015, 46 (11): 39–45.

[7] Kong R, Chen Z, Ye M, et al. Cell–SELEX–based aptamer–conjugated nanomaterials for enhanced targeting of cancer cells[J]. Sci. China: Chem., 2011, 54 (8): 1218–1226.

[8] Fischer N, Tarasow T, Tok J. Protein detection via direct enzymatic amplification of short DNA aptamers[J]. Anal. Biochem., 2008, 373 (1): 121–128.

[9] Lee H, Kim B, Kim K, et al. A sensitive method to detect Escherichia coli based on immunomagnetic separation and real–time PCR amplification of aptamers[J].

Biosens. Bioelectron., 2009, 24 (12): 3550–3555.

[10] Cho E, Yang L, Levy M, et al. Using a deoxyribozyme ligase and rolling circle amplification to detect a non–nucleic acid analyte ATP[J]. J. Am. Chem. Soc., 2005, 127 (7): 2022–2023.

[11] Liu M, Song J, Shuang S, et al. A graphene–based biosensing platform based on the release of DNA probes and polling circle amplification[J]. ACS Nano, 2014, 8 (6): 5564–5573.

[12] Yang L, Fung C, Cho E, et al. Real–time rolling circle amplification for protein detection[J]. Anal. Chem., 2007, 79 (9): 3320–3329.

[13] Zhou L, Ou L, Chu X, et al. Aptamer–based rolling circle amplification: a platform for electrochemical detection of protein[J]. Anal. Chem., 2007, 79 (19): 7492–7500.

[14] Kravets V, Schedin F, Jalil R, et al. Singular phase nano–optics in plasmonic metamaterials for label–free single–molecule detection[J]. Nat. Mater., 2013, 12 (4): 304–309.

[15] Cho E, Lee J, Ellington A. Applications of aptamers as sensors[J]. Annu. Rev. Anal. Chem., 2009, 2 (1): 241–264.

[16] Chu X, Dou X, Liang R, et al. A self–assembly aptasensor based on thick–shell quantum dots for sensing of ochratoxin A[J]. Nanoscale, 2016, 8 (7): 4127–4133.

[17] Dai S, Wu S, Duan N, et al. A near–infrared magnetic aptasensor for ochratoxin A based on near–infrared upconversion nanoparticles and magnetic nanoparticles[J]. Talanta, 2016, 158: 246–253.

[18] Teng Y, Jia X, Zhang S, et al. A nanocluster beacon based on the template transformation of DNA–templated silver nanoclusters[J]. Chm. Commun., 2016, 52 (8): 1721–1724.

[19] Zhang S, Wang L, Liu M, et al. A novel label–free fluorescent aptasensor for cocaine detection based on G–quadruplex and ruthenium polypyridyl complex molecular light switch[J]. Anal. Methods, 2016, 8 (18): 3740–3746.

[20] Wang K, Ren J, Fan D, et al. Integration of graphene oxide and DNA as a universal platform for multiple arithmetic logic units[J]. Chem. Commun., 2014, 50 (92): 14390–14393.

[21] Ren J, Wang J, Wang J, et al. Inhibition of G–quadruplex assembling by DNA

ligation: a versatile and non-covalent labeling strategy for bioanalysis[J]. Biosens. Bioelectron., 2014, 51 (1): 336–342.

[22] Qin H, Ren J, Wang J, et al. G-quadruplex-modulated fluorescence detection of potassium in the presence of a 3500-fold excess of sodium ions[J]. Anal. Chem., 2010, 82 (19): 8356–8360.

[23] Zhu J, Zhang L, Zhou Z, et al. Molecular aptamer beacon tuned DNA strand displacement to transform small molecules into DNA logic outputs[J]. Chem. Commun., 2014, 50 (25): 3321–3323.

[24] Zhu J, Zhang L, Zhou Z, et al. Aptamer-based sensing platform using three-way DNA junction-driven strand displacement and its application in DNA logic circuit[J]. Anal. Chem., 2014, 86 (1): 312–316.

[25] Fu T, Ren S, Gong L, et al. A label-free DNAzyme fluorescence biosensor for amplified detection of Pb^{2+} based on cleavage-induced G-quadruplex formation[J]. Talanta, 2016, 147: 302–306.

[26] Wei Y, Chen Y, Li H, et al. An exonuclease I-based label-free fluorometric aptasensor for adenosine triphosphate (ATP) detection with a wide concentration range[J]. Biosens. Bioelectron., 2015, 63: 311–316.

[27] Guo Y, Chen Y, Wei Y, et al. Label-free fluorescent aptasensor for potassium ion using structure-switching aptamers and berberine[J]. Spectrochim. Acta, Part A, 2015, 136 (2): 1635–1641.

[28] Chen Q, Zuo J, Chen J, et al. A label-free fluorescent biosensor for ultratrace detection of terbium (Ⅲ) based on structural conversion of G-quadruplex DNA mediated by ThT and terbium (Ⅲ)[J]. Biosens. Bioelectron., 2015, 72: 326–331.

[29] Chen J, Lin J, Zhang X, et al. Label-free fluorescent biosensor based on the target recycling and Thioflavin T-induced quadruplex formation for short DNA species of c-erbB-2 detection[J]. J. Anal. Chim. Acta, 2014, 817 (817): 42–47.

[30] Zhu J, Zhang L, Dong S, et al. How to split a G-quadruplex for DNA detection: new insight into the formation of DNA split G-quadruplex[J]. Chem. Sci., 2015, 6 (8): 4822–4827.

[31] Zheng J, Li J, Jiang Y, et al. Design of aptamer-based sensing platform using

triple–helix molecular switch[J]. Anal. Chem., 2011, 83 (17): 6586–6592.

[32] Verdian–Doghaei A, Housaindokht M, Abnous K. A fluorescent aptasensor for potassium ion detection–based triple–helix molecular switch[J]. Anal. Biochem., 2014, 466: 72–75.

[33] Jalalian S, Taghdisi S, Danesh N, et al. Sensitive and fast detection of tetracycline using an aptasensor[J]. Anal. Methods, 2015, 7 (6): 2523–2528.

[34] Chen L, Lee S, Lee M, et al. DNA hybridization detection in a microfluidic channel using two fluorescently labelled nucleic acid probes[J]. Biosens. Bioelectron., 2008, 23: 1878–1882.

[35] Shi J, Tian F, Lyu J, et al. Nanoparticle based fluorescence resonance energy transfer (FRET) for biosensing applications[J]. J. Mater. Chem. B, 2015, 3: 6989–7005.

[36] Wang L, Zhu F, Chen M, et al. Rapid and visual detection of aflatoxin B1 in foodstuffs using aptamer/G–quadruplex DNAzyme probe with low background noise[J]. Food Chem., 2019, 271: 581–587.

[37]Apiwat C, Uksirikul P, Kankla P, et al. Graphene based aptasensor for glycated albumin in diabetes mellitus diagnosis and monitoring[J]. Biosens. Bioelectron., 2016, 82: 140–145.

[38] Xing X, Xiao W, Liu X, et al. A fluorescent aptasensor using double–stranded DNA/graphene oxide as the indicator probe[J]. Biosens. Bioelectron., 2016, 78 (78): 431–437.

[39] Wu C, Wang K, Fan D, et al. Enzyme–free and DNA–based multiplexer and demultiplexer[J]. Chem. Commun., 2015, 51 (88): 15940–15943.

[40] Zhou C, Wang K, Fan D, et al. An enzyme–free and DNA–based Feynman gate for logically reversible operation[J]. Chem. Commun., 2015, 51 (51): 10284–10286.

[41] Hu K, Huang Y, Wang S, et al. A carbon nanotubes based fluorescent aptasensor for highly sensitive detection of adenosine deaminase activity and inhibitor screening in natural extracts[J]. J. Pharm. Biomed. Anal., 2014, 95 (3): 164–168.

[42] Wei Y, Zhang J, Wang X, et al. Amplified fluorescent aptasensor through catalytic recycling for highly sensitive detection of ochratoxin A[J]. Biosens. Bioelectron., 2015, 65 (65): 16–22.

[43] Li C, Meng Y, Wang S, et al. Mesoporous carbon nanospheres featured fluorescent aptasensor for multiple diagnosis of cancer in vitro and in vivo[J]. ACS Nano, 2015, 9 (12): 12096–12103.

[44] Li B, Liu C, Pan W, et al. Facile fluorescent aptasensor using aggregation-induced emission luminogens for exosomal proteins profiling towards liquid biopsy[J]. Biosens. Bioelectron., 2020, 5: 112520–112528.

[45] Pang S, Liu S, Su X. An ultrasensitive sensing strategy for the detection of lead (Ⅱ) ions based on the intermolecular G-quadruplex and graphene oxide[J]. Sens. Actuators B Chem., 2015, 208, 415–420.

[46] Qian Z, Shan X, Chai L, et al. A fluorescent nanosensor based on graphene quantum dots–aptamer probe and graphene oxide platform for detection of lead (Ⅱ) ion[J]. Biosens. Bioelectron., 2015, 68, 225–231.

[47] Li M., Zhou X, Guo S, et al. Detection of lead (Ⅱ) with a "turn-on" fluorescent biosensor based on energy transfer from CdSe/ZnS quantum dots to graphene oxide[J]. Biosens. Bioelectron., 2013, 43, 69–74.

[48] Jia Y, Wu F, Liu P, et al. A label-free fluorescent aptasensor for the detection of Aflatoxin B1 in food samples using AIEgens and graphene oxide[J]. Talanta, 2019, 198, 71–77.

[49] Shirani M, Kalantari H, Khodayar M, et al. A novel strategy for detection of small molecules based on aptamer/gold nanoparticles/graphitic carbon nitride nanosheets as fluorescent biosensor[J]. Talanta, 2020, 219: 1–8.

[50] Tan X, Wang X, Hao A, et al. Aptamer-based ratiometric fluorescent nanoprobe for specific and visual detection of zearalenone[J]. Microchem. J., 2020, 157: 104943.

[51] Zhu D, Li W, Wen H, et al. Silver nanoparticles-enhanced time-resolved fluorescence sensor for VEGF (165) based on Mn-doped ZnS quantum dots[J]. Biosens. Bioelectron., 2015, 74 (74): 1053–1060.

[52] Pang Y, Rong Z, Xiao R, et al. "Turn on" and label-free core-shell Ag@ SiO_2 nanoparticles-based metal-enhanced fluorescent (MEF) aptasensor for Hg^{2+}[J]. Sci. Rep., 2015, 5 (1): 9451–9457.

[53] Pang Y, Rong Z, Wang J, et al. A fluorescent aptasensor for H5N1 influenza virus detection based-on the core-shell nanoparticles metal-enhanced

fluorescence (MEF)[J]. Biosens. Bioelectron., 2015, 66 (66): 527–532.

[54] Qian J, Wang K, Wang C, et al. A FRET–based ratiometric fluorescent aptasensor for rapid and onsite visual detection of ochratoxin A[J]. Analyst, 2015, 140 (21): 7434–7442.

[55] Chen J, Zhang X, Cai S, et al. A fluorescent aptasensor based on DNA–scaffolded silver–nanocluster for ochratoxin A detection[J]. Biosens. Bioelectron., 2014, 57 (10): 226–231.

[56] Taghdisi S, Danesh N, Beheshti H, et al. A novel fluorescent aptasensor based on gold and silica nanoparticles for the ultrasensitive detection of ochratoxin A[J]. Nanoscale, 2016, 8 (6): 3439–3446.

[57] Abnous K, Danesh N, Emrani A, et al. A novel fluorescent aptasensor based on silica nanoparticles, PicoGreen and exonuclease Ⅲ as a signal amplification method for ultrasensitive detection of myoglobin[J]. Anal. Chim. Acta, 2016, 917: 71–78.

[58] Wang Y, Feng J, Tan Z, et al. Electrochemical impedance spectroscopy aptasensor for ultrasensitive detection of adenosine with dual backfillers[J]. Biosens. Bioelectron., 2014, 60 (60): 218–223.

[59] Sheng Q, Liu R, Zhang S, et al. Ultrasensitive electrochemical cocaine biosensor based on reversible DNA nanostructure[J]. Biosens. Bioelectron., 2013, 51 (1): 191–194.

[60] Peng K, Zhao H, Xie P, et al. Impedimetric aptasensor for nuclear factor kappa B with peroxidase–like mimic coupled DNA nanoladders as enhancer[J]. Biosens. Bioelectron., 2016, 81 (81): 1–7.

[61] Rivas L, Mayorga–Martinez C, Quesada–Gonzalez D, et al. Label–free impedimetric aptasensor for ochratoxin–A detection using iridium oxide nanoparticles[J]. Anal. Chem., 2015, 87 (10): 5167–5172.

[62] Izadi Z, Sheikh–Zeinoddin M, Ensafi A, et al. Fabrication of an electrochemical DNA–based biosensor for Bacillus cereus detection in milk and infant formula[J]. Biosens. Bioelectron., 2016, 80: 582–589.

[63] Zang Y, Lei J, Hao Q, et al. CdS/MoS_2 heterojunction–based photoelectrochemical DNA biosensor via enhanced chemiluminescence excitation[J]. Biosens. Bioelectron., 2016, 77 (77): 557–564.

[64] Li M, Zheng Y, Liang W, et al. An ultrasensitive "on–off–on" photoelectrochemical aptasensor based on signal amplification of a fullerene/CdTe quantum dots sensitized structure and efficient quenching by manganese porphyrin[J]. Chem. Commun., 2016, 52 (52), 8138–8141.

[65] Ma Z, Pan J, Lu C, et al. Folding–based photoelectrochemical biosensor: binding–induced conformation change of a quantum dot–tagged DNA probe for mercury (II) detection[J]. Chem. Commun., 2014, 50 (81): 12088–12090.

[66] Fan L, Zhao G, Shi H, et al. A Femtomolar level and highly selective 17 β–estradiol photoelectrochemical aptasensor applied in environmental water samples analysis[J]. Environ. Sci., 2014, 48 (10): 5754–5761.

[67] Li H, Qiao Y, Li J, et al. A sensitive and label–free photoelectrochemical aptasensor using Co–doped ZnO diluted magnetic semiconductor nanoparticles[J]. Biosens. Bioelectron., 2016, 77 (77): 378–384.

[68] Li S, Zhu W, Xue Y, et al. Construction of photoelectrochemical thrombin aptasensor via assembling multilayer of graphene–CdS nanocomposites[J]. Biosens. Bioelectron., 2015, 64 (4): 611–617.

[69] Du X, Jiang D, Dai L, et al. Fabricating photoelectrochemical aptasensor for selectively monitoring microcystin–LR residues in fish based on visible light–responsive BiOBr nanoflakes/N–doped graphene photoelectrode[J]. Biosens. Bioelectron., 2016, 81 (81): 242–248.

[70] Li C, Wang H, Shen J, et al. Cyclometalated iridium complex–based label–free photoelectrochemical biosensor for DNA detection by hybridization chain reaction amplification[J]. Anal. Chem., 2015, 87 (8): 4283–4291.

[71] Zheng Y, Yuan Y, Chai Y, et al. L–cysteine induced manganese porphyrin electrocatalytic amplification with 3D DNA–Au@Pt nanoparticles as nanocarriers for sensitive electrochemical aptasensor[J]. Biosens. Bioelectron., 2015, 79: 86–91.

[72] Wu L, Xiong E, Yao Y, et al. A new electrochemical aptasensor based on electrocatalytic property of graphene toward ascorbic acid oxidation[J]. Talanta, 2015, 134: 699–704.

[73] Mazloum–Ardakani M, Hosseinzadeh L, Taleat Z. Synthesis and electrocatalytic effect of Ag@Pt core–shell nanoparticles supported on

reduced graphene oxide for sensitive and simple label-free electrochemical aptasensor[J]. Biosens. Bioelectron., 2015, 74 (74): 30–36.

[74] Chen L, Sha L, Qiu Y, et al. An amplified electrochemical aptasensor based on hybridization chain reactions and catalysis of silver nanoclusters[J]. Nanoscale, 2015, 7 (7): 3300–3308.

[75] Xu W, Xue S, Yi H, et al. A sensitive electrochemical aptasensor based on the co-catalysis of hemin/G-quadruplex, platinum nanoparticles and flower-like MnO_2 nanosphere functionalized multi-walled carbon nanotubes[J]. Chem. Commun., 2015, 51 (8): 1472–1474.

[76] Dong S, Zhao R, Zhu J, et al. Electrochemical DNA biosensor based on a tetrahedral nanostructure probe for the detection of avian influenza A (H7N9) virus[J]. ACS Appl. Mater. Interfaces, 2015, 7 (16): 8834–8842.

[77] Ge Z, Lin M, Wang P, et al. Hybridization chain reaction amplification of microRNA detection with a tetrahedral DNA nanostructure-based electrochemical[J]. Anal. Chem., 2014, 86 (4): 2124–2130.

[78] Miao P, Wang B, Chen X, et al. A Tetrahedral DNA Nanostructure-based microRNA biosensor coupled with catalytic recycling of the analyte[J]. ACS Appl. Mater. Interfaces, 2015, 7 (11): 6238–6243.

[79] Du Y, Zhen S, Li B, et al. Engineering signaling aptamers that rely on kinetic rather than equilibrium competition[J]. Anal. Chem., 2016, 88 (4): 2250–2257.

[80] Du Y, Lim B, Li J, et al. Reagentless, ratiometric electrochemical DNA sensors with improved robustness and reproducibility[J]. Anal. Chem., 2014, 86 (15): 8010–8016.

[81] Du Y, Dong S. Nucleic acid biosensors: recent advances and perspectives[J]. Anal. Chem., 2017, 89 (1): 189–215.

[82] Fan C, Plaxco K, Heeger A. Electrochemical interrogation of conformational changes as a reagentless method for the sequence-specific detection of DNA[J]. Proc. Natl. Acad. Sci. U. S. A., 2003, 100 (16): 9134–9137.

[83] Li Z, Sun L, Zhao Y, et al. Electrogenerated chemiluminescence aptasensor for ultrasensitive detection of thrombin incorporating an auxiliary probe[J]. Talanta, 2014, 130 (5): 370–376.

[84] Lou J, Wang Z, Wang X, et al. Highly sensitive “signal-on” electrochemiluminescent

biosensor for the detection of DNA based on dual quenching and strand displacement reaction[J]. Chem. Commun., 2015, 51 (78): 14578–14581.

[85] Gui G, Zhuo Y, Chai Y, et al. In situ generation of self-enhanced luminophore by β-lactamase catalysis for highly sensitive electrochemiluminescent aptasensor[J]. Anal. Chem., 2014, 86 (12): 5873–5880.

[86] Li G, Yu X, Liu D, et al. Label-free electrochemiluminescence aptasensor for 2, 4, 6-Trinitrotoluene based on bilayer structure of luminescence functionalized graphene hybrids[J]. Anal. Chem., 2015, 87 (21): 10976–10981.

[87] Liu W, Yang H, Ge S, et al. Application of bimetallic PtPd alloy decorated graphene in peroxydisulfate electrochemiluminescence aptasensor based on Ag dendrites decorated indium tin oxide device[J]. Sens. Actuators B, 2015, 209: 32–39.

[88] Ma M, Zhang X, Zhuo Y, et al. An amplified electrochemiluminescent aptasensor using Au nanoparticles capped by 3, 4, 9, 10-perylene tetracarboxylic acid-thiosemicarbazide functionalized C60 nanocomposites as a signal enhancement tag[J]. Nanoscale, 2015, 7 (5): 2085–2092.

[89] Ma M, Zhuo Y, Yuan R, et al. A new signal amplification strategy using semicarbazide as co-reaction accelerator for highly sensitive electrochemiluminescent aptasensor construction[J]. Anal. Chem., 2015, 87 (22): 11389–11397.

[90] Wang C, Qian J, Wang K, et al. Nitrogen-doped graphene quantum dots@SiO_2 nanoparticles as electrochemiluminescence and fluorescence signal indicators for magnetically-controlled aptasensor with dual detection channels[J]. ACS Appl. Mater. Interfaces, 2015, 7 (48): 26865–26873.

[91] Wu D, Xin X, Pang X, et al. Application of Europium multiwalled carbon nanotubes as novel luminophores in an electrochemiluminescent aptasensor for thrombin using multiple amplification strategies[J]. ACS Appl. Mater. Interfaces, 2015, 7 (23): 12663–12670.

[92] Jin G, Wang C, Yang L, et al. Hyperbranched rolling circle amplification based electrochemiluminescence aptasensor for ultrasensitive detection of thrombin[J]. Biosens. Bioelectron., 2015, 63: 166–171.

[93] Zhang P, Wu X, Yuan R, et al. An “off-on” electrochemiluminescent biosensor

based on DNA zyme-assisted target recycling and rolling circle amplifications for ultrasensitive detection of microRNA[J]. Anal. Chem., 2015, 87 (6): 3202–3207.

[94] Huo Y, Qi L, Lv X, et al. A sensitive aptasensor for colorimetric detection of adenosine triphosphate based on the protective effect of ATP-aptamer complexes on unmodified gold nanoparticles[J]. Biosens. Bioelectron., 2016, 78 (78): 315–320.

[95] Liu J, Guan Z, Lv Z, et al. Improving sensitivity of gold nanoparticle based fluorescence quenching and colorimetric aptasensor by using water resuspended gold nanoparticle[J]. Biosens. Bioelectron., 2014, 52 (2): 265–270.

[96] Kaewphinit T, Santiwatanakul S, Chansiri K. Colorimetric DNA based biosensor combined with loop-mediated isothermal amplification for detection of *Mycobacterium tuberculosis* by using gold nanoprobe aggregation[J]. Sensors & Transducers, 2013, 149 (2): 123–128.

[97] Borghei Y, Hosseini M, Dadmehr M, et al. Visual detection of cancer cells by colorimetric aptasensor based on aggregation of gold nanoparticles induced by DNA hybridization[J]. Anal. Chim. Acta, 2016, 904: 92–97.

[98] Zhang X, Xiao K, Cheng L, et al. Visual and highly sensitive detection of cancer cells by a colorimetric aptasensor based on cell-triggered cyclic enzymatic signal amplification[J]. Anal. Chem., 2014, 86 (11): 5567–5572.

[99] Yuan J, Wu S, Duan N, et al. A sensitive gold nanoparticle-based colorimetric aptasensor for Staphylococcus aureus[J]. Talanta, 2014, 127: 163–168.

[100] Chen Z, Tan Y, Zhang C, et al. A colorimetric aptamer biosensor based on cationic polymer and gold nanoparticles for the ultrasensitive detection of thrombin[J]. Biosens. Bioelectron., 2014, 56 (1): 46–50.

[101] Taghdisi S, Danesh N, Lavaee P, et al. An aptasensor for selective, sensitive and fast detection of lead (II) based on polyethyleneimine and gold nanoparticles[J]. Environ. Toxicol. Pharmacol., 2015, 39 (3): 1206–1211.

[102] Niu S, Lv Z, Liu J, et al. Colorimetric aptasensor using unmodified gold nanoparticles for homogeneous multiplex detection[J]. PLoS One, 2014, 9 (10): e109263.

[103] Ramezani M, Danesh N, Lavaee P, et al. A novel colorimetric triple-helix molecular switch aptasensor for ultrasensitive detection of tetracycline[J].

Biosens. Bioelectron., 2015, 70: 181–187.
[104] Chen Z, Tan L, Hu L, et al. Real colorimetric thrombin aptasensor by masking surfaces of catalytically active gold nanoparticles[J]. ACS Appl. Mater. Interfaces, 2016, 8 (1): 102–108.
[105] Miao Y, Gan N, Li T, et al. A colorimetric aptasensor for chloramphenicol in fish based on double–stranded DNA antibody labeled enzyme–linked polymer nanotracers for signal amplification[J]. Sens. Actuators B, 2015, 220: 679–687.
[106] Gao H, Gan N, Pan D, et al. A sensitive colorimetric aptasensor for chloramphenicol detection in fish and pork based on the amplification of nano peroxidase–polymer[J]. Anal. Methods, 2015, 7 (16): 6528–6536.
[107] Yang Z, Qian J, Yang X, et al. A facile label–free colorimetric aptasensor for acetamiprid based on the peroxidase–like activity of hemin–functionalized reduced graphene oxide[J]. Biosens. Bioelectron., 2015, 65: 39–46.
[108] Wang C, Dong X, Liu Q, et al. Label–free colorimetric aptasensor for sensitive detection of ochratoxin a utilizing hybridization chain reaction[J]. Anal. Chim. Acta, 2015, 860: 83–88.
[109] Wang S, Bi S, Wang Z, et al. A plasmonic aptasensor for ultrasensitive detection of thrombin via arrested rolling circle amplification[J]. Chem. Commun., 2015, 51 (37): 7927–7930.
[110] Wu C, Fan D, Zhou C, et al. A colorimetric strategy for highly sensitive and selective simultaneous detection of histidine and cysteine based on G–quadruplex–Cu（Ⅱ）metalloenzyme[J]. Anal. Chem., 2016, 88 (5): 2899–2903.
[111] Taghdisi S, Danesh N, Lavaee P, et al. A novel colorimetric triple–helix molecular switch aptasensor based on peroxidase–like activity of gold nanoparticles for ultrasensitive detection of lead（Ⅱ）[J]. RSC Adv., 2015, 5 (54): 43508–43514.
[112] Hu J, Ni P, Dai H, et al. A facile label–free colorimetric aptasensor for ricin based on the peroxidase–like activity of gold nanoparticles[J]. RSC Adv., 2015, 5 (21): 16036–16041.
[113] Guo Y, Deng L, Li J, et al. Hemin–graphene hybrid nanosheets with intrinsic

peroxidase–like activity for label–free colorimetric detection of single–nucleotide polymorphism[J]. ACS Nano, 2011, 5 (2): 1282–1290.

[114] Qiu W, Xu H, Takalkar S, et al. Carbon nanotube–based lateral flow biosensor for sensitive and rapid detection of DNA sequence[J]. Biosens. Bioelectron., 2015, 64: 367–372.

[115] Tram K, Kanda P, Salena B, et al. Translating bacterial detection by DNAzymes into a litmus test[J]. Angew. Chem., Int. Ed., 2014, 126 (47): 12799–12802.

[116] Tao Z, Wei L, Wu S, et al. A colorimetric aptamer–based method for detection of cadmium using the enhanced peroxidase–like activity of Au–MoS_2 nanocomposites[J]. Anal. Biochem., 2020, 608: 113844.

[117] Yang L, Wu T, Fu C, et al. SERS determination of protease through a particle–on–a–film configuration constructed by electrostatic assembly in enzymatic hydrolysis reaction[J]. RSC Advances, 2016, 93 (6): 90120–90125.

[118] Cennamo N, Pesavento M, Lunelli L, et al. An easy way to realize SPR aptasensor: a multimode plastic optical fiber platform for cancer biomarkers detection[J]. Talanta, 2015, 140: 88–95.

[119] Wang Q, Liu R, Yang X, et al. Surface plasmon resonance biosensor for enzyme–free amplified microRNA detection based on gold nanoparticles and DNA supersandwich[J]. Sens. Actuators B, 2016, 223: 613–620.

[120] Zeidan E, Shivaji R, Henrich V, et al. Nano–SPRi aptasensor for the detection of progesterone in buffer[J]. Sci. Rep., 2016, 6: 26714–26722.

[121] Zengin A, Tamer V, Caykara T. Fabrication of a SERS based aptasensor for detection of ricin B toxin[J]. J. Mater. Chem. B, 2015, 3 (2): 306–315.

[122] Duan N, Chang B, Zhang H, et al. Salmonella typhimurium detection using a surface–enhanced Raman scattering–based aptasensor[J]. J. Food Microbiol., 2016, 218: 38–43.

[123] Fu X, Cheng Z, Yu J, et al. A SERS–based lateral flow assay biosensor for highly sensitive detection of HIV–1 DNA[J]. Biosens. Bioelectron., 2016, 78: 530–537.

[124] Zhang H, Ma X, Liu Y, et al. Gold nanoparticles enhanced SERS aptasensor for the simultaneous detection of Salmonella typhimurium and

Staphylococcus aureus[J]. Biosens. Bioelectron., 2015, 74: 872–877.

[125] Chen R, Shi H, Meng X, et al. Dual–ampliffcation strategy–based SERS chip for sensitive and reproducible detection of DNA methyltransferase activity in human serum[J], Anal. Chem., 2019, 91: 3597–3603.

[126] Wang Q, Hu Y, Jiang N, et al. Preparation of aptamer responsive DNA functionalized hydrogels for the sensitive detection of α–fetoprotein using SERS method[J]. Bioconjugate Chem., 2020, 31: 813–820.

[127] Ning C, Wang L, Tian Y, et al. Multiple and sensitive SERS detection of cancer–related exosomes based on gold–silver bimetallic nanotrepangs[J]. Analyst, 2020, 145: 2795–2804.

[128] Li Y, Han H, Wu Y, et al. Telomere elongation–based DNACatalytic ampliffcation strategy for sensitive SERS detection of telomerase activity[J]. Biosens. Bioelectron., 2019, 142: 111543.

[129] Song C, Zhang J, Liu Y, et al. Highly sensitive SERS assay of DENV gene via a cascade signal ampliffcation strategy of localized catalytic hairpin assembly and hybridization chain reaction[J], Sensor. Actuator. B Chem., 2020, 325 : 128970.

[130] Yao D, Li C, Wang H, et al. A new dual–mode SERS and RRS aptasensor for detecting trace organic molecules based on gold nanocluster–doped covalent–organic framework catalyst[J]. Sensor. Actuator. B Chem., 2020, 319: 128308.

[131] Chen X, Bai X, Li H, et al. Aptamer–based microcantilever array biosensor for detection of fumonisin B–1[J]. RSC Adv., 2015, 5 (45): 35448–35452.

[132] Eda G, Chhowalla M. Chemically derived graphene oxide: towards large–area thin–film electronics and optoelectronics[J]. Adv. Mater., 2010, 22 (22): 2392–2415.

[133] Li X, Zhang G, Bai X, et al. Highly conducting graphene sheets and Langmuir–Blodgett films[J]. Nat. Nanotechnol., 2008, 3 (9): 538–542.

[134] Kim F, Cote L, Huang J. Graphene oxide: surface activity and two–dimensional assembly[J]. Adv. Mater., 2010, 22 (17): 1954–1958.

[135] Bissessur R, Scully S. Intercalation of solid polymer electrolytes into graphite oxide[J]. Solid State Ionics, 2007, 178 (11): 877–882.

[136] Paredes J, Villar-Rodil S, Martinez-Alonso A, et al. Graphene oxide dispersions in organic solvents[J]. Langmuir, 2008, 24 (19): 10560–10564.

[137] Compton O, Nguyen S. Graphene oxide, highly reduced graphene oxide, and graphene: versatile building blocks for carbon-based materials[J]. Small, 2010, 6 (6): 711–723.

[138] Kim J, Cote L, Kim F, et al. Visualizing graphene based sheets by fluorescence quenching microscopy[J]. J. Am. Chem. Soc., 2010, 132 (1): 260–267.

[139] Yu X, Cai H, Zhang W, et al. Tuning chemical enhancement of SERS by controlling the chemical reduction of graphene oxide nanosheets[J]. ACS Nano, 2011, 5 (2): 952–958.

[140] Song Y, Qu K, Zhao C, et al. Graphene oxide: intrinsic peroxidase catalytic activity and its application to glucose detection[J]. Adv. Mater., 2010, 22 (19): 2206–2210.

[141] Ekiz O, Urel M, Guner H, et al. Reversible electrical reduction and oxidation of graphene oxide[J]. ACS Nano, 2011, 5 (4): 2475–2482.

[142] Patil A, Vickery J, Scott T, et al. Aqueous stabilization and self-assembly of graphene sheets into layered bio - nanocomposites using DNA[J]. Adv. Mater., 2009, 21 (31): 3159–3164.

[143] Lu C, Yang H, Zhu C, et al. A graphene platform for sensing biomolecules[J]. Angew. Chem., Int. Ed., 2009, 48 (26): 4785–4787.

[144] He S, Song B, Li D, et al. A graphene nanoprobe for rapid, sensitive, and multicolor fluorescent DNA analysis[J]. Adv. Funct. Mater., 2010, 20: 453–459.

[145] Wu M, Kempaiah R, Huang P, et al. Adsorption and desorption of DNA on graphene oxide studied by fluorescently labeled oligonucleotides[J]. Langmuir, 2011, 27 (6): 2731–2738.

[146] Cui L, Chen Z, Zhu Z, et al. Stabilization of ssRNA on graphene oxide surface: an effective way to design highly robust RNA probes[J]. Anal. Chem., 2013, 85 (4): 2269–2275.

[147] Tang L, Chang H, Liu Y, et al. Duplex DNA/graphene oxide biointerface: from fundamental understanding to specific enzymatic effects[J]. Adv. Funct. Mater., 2012, 22 (14): 3083–3088.

[148] Liu M, Zhao H, Chen S, et al. Capture of double-stranded DNA in stacked–

graphene: giving new insight into the graphene/DNA interaction[J]. Chem. Commun., 2012, 48 (4): 564–566.

[149] Lei H, Mi L, Zhou X, et al. Adsorption of double–stranded DNA to graphene oxide preventing enzymatic digestion[J]. Nanoscale, 2011, 3 (9): 3888–3892.

[150] Zhao X. Self–assembly of DNA segments on graphene and carbon nanotube arrays in aqueous solution: a molecular simulation study[J]. J. Phys. Chem. C, 2011, 115 (14): 6181–6189.

[151] Tang Z, Wu H, Cort J, et al. Constraint of DNA on functionalized graphene improves its biostability and specificity[J]. Small, 2010, 6 (11): 1205–1209.

[152] Balapanuru J, Yang J, Xiao S, et al. A graphene oxide–Organic dye ionic complex with DNA–sensing and optical–limiting properties[J]. Angew. Chem., Int. Ed., 2010, 49 (37): 6549–6553.

[153] Dong H, Gao W, Yan F, et al. Fluorescence resonance energy transfer between quantum dots and graphene oxide for sensing biomolecules[J]. Anal. Chem., 2010, 2 (13): 5511–5517.

[154] Swathi R, Sebastian K. Resonance energy transfer from a dye molecule to grapheme[J]. J. Chem. Phys., 2008, 129 (5): 054703.

[155] Swathi R, Sebastian K. Long range resonance energy transfer from a dye molecule to graphene has (distance) (–4) dependence[J]. J. Chem. Phys., 2009, 130 (8): 233–240.

[156] Wu X, Liu H, Liu J, et al. Erratum: immunofluorescent labeling of cancer marker Her2 and other cellular targets with semiconductor quantum dots[J]. Nat. Biotechnol., 2003, 21: 41–46.

[157] Zhang H, Jia S, Lv M, et al. Size–dependent programming of the dynamic range of graphene oxide–DNA interaction–based ion sensors[J]. Anal. Chem., 2014, 86 (8): 4047–4051.

[158] Zhang Y, Zuo P, Ye B. A low–cost and simple paper–based microfluidic device for simultaneous multiplex determination of different types of chemical contaminants in food[J]. Biosens. Bioelectron., 2015, 68: 14–19.

[159] Li H, Fang X, Cao H, et al. Paper–based fluorescence resonance energy transfer assay for directly detecting nucleic acids and proteins[J]. Biosens. Bioelectron., 2016, 80: 79–83.

[160] Viraka Nellore B, Kanchanapally R, Pramanik A, et al. Aptamer-conjugated graphene oxide membranes for highly efficient capture and accurate identification of multiple types of circulating tumor cells[J]. Bioconjugate Chem., 2015, 26 (2): 235-242.

[161] Dong Y, Wang R, Li G, et al. Polyamine-functionalized carbon quantum dots as fluorescent probes for selective and sensitive detection of copper ions[J]. Anal. Chem., 2012, 84 (14): 6220-6224.

[162] Song Y, Shi W, Chen W, et al. Fluorescent carbon nanodots conjugated with folic acid for distinguishing folate-receptor-positive cancer cells from normal cells[J]. J. Mater. Chem., 2012, 22 (25): 12568-12573.

[163] Yu C, Li X, Zeng F, et al. Carbon-dot-based ratiometric fluorescent sensor for detecting hydrogen sulfide in aqueous media and inside live cells[J]. Chem. Commun., 2013, 49 (4): 403-405.

[164] Cui X, Zhu L, Wu J, et al. A fluorescent biosensor based on carbon dots-labeled oligodeoxyribonucleotide and graphene oxide for mercury (Ⅱ) detection[J]. Biosens. Bioelectron., 2015, 63: 506-512.

[165] Binnemans K. Lanthanide-based luminescent hybrid materials[J]. Chem. Rev., 2009, 109 (9): 4283-4374.

[166] Alonso-Cristobal P, Vilela P, El-Sagheer A, et al. Highly sensitive DNA sensor based on upconversion nanoparticles and graphene oxide[J]. ACS Appl. Mater. Interfaces, 2015, 7 (23): 12422-12429.

[167] Obliosca J, Liu C, Yeh H. Fluorescent silver nanoclusters as DNA probes[J]. Nanoscale, 2013, 5 (18): 8443-8461.

[168] He K, Liao R, Cai C, et al. Y-shaped probe for convenient and label-free detection of microRNA-21 in vitro[J]. Anal. Biochem., 2016, 499: 8-14.

[169] Liu Z, Long T, Wu S, et al. Porphyrin-loaded liposomes and graphene oxide used for the membrane pore-forming protein assay and inhibitor screening[J]. Analyst, 2015, 140 (16): 5495-5500.

[170] Li J, Hu X, Shi S, et al. Three label-free thrombin aptasensors based on aptamers and [Ru (bpy)2 (o-mopip)]$^{2+}$[J]. J. Mater. Chem. B, 2016, 4 (7): 1361-1367.

[171] Ju E, Yang X, Lin Y, et al. Exonuclease-aided amplification for label-free

and fluorescence turn–on DNA detection based on aggregation–induced quenching[J]. Chem. Commun., 2012, 48 (95): 11662–11664.

[172] Cui L, Lin X, Lin N, et al. Graphene oxide–protected DNA probes for multiplex microRNA analysis in complex biological samples based on a cyclic enzymatic amplification method[J]. Chem. Commun., 2012, 48 (2): 194–196.

[173] Zhu X, Shen Y, Cao J, et al. Detection of microRNA SNPs with ultrahigh specificity by using reduced graphene oxide–assisted rolling circle amplification[J]. Chem. Commun., 2015, 51 (49): 10002–10005.

[174] Hong C, Baek A, Hah S, et al. Fluorometric detection of microRNA using isothermal gene amplification and graphene oxide[J]. Anal. Chem., 2016, 88 (6): 2999–3003.

[175] Li X, Ding X, Fan J. Nicking endonuclease–assisted signal amplification of a split molecular aptamer beacon for biomolecule detection using graphene oxide as a sensing platform[J]. Analyst, 2015, 140: 7918–7925.

[176] Breaker R, Joyce G. A DNA enzyme that cleaves RNA[J]. Chem. Biol., 1994, 1 (4): 223–229.

[177] Zhao X, Kong R, Zhang X, et al. Graphene–DNAzyme based biosensor for amplified fluorescence "turn–on" detection of Pb^{2+} with a high selectivity[J]. Anal. Chem., 2011, 83 (13): 5062–5066.

[178] Li M, Wang Y, Cao J, et al. Ultrasensitive detection of uranyl by graphene oxide–based background reduction and RCDzyme–based enzyme strand recycling signal amplification[J]. Biosens. Bioelectron., 2015, 72: 294–299.

[179] Lee J, Kim Y, Min D. Laser desorptionionization mass spectrometric assay for phospholipase activity based on graphene oxide/carbon nanotube double–layer films[J]. J. Am. Chem. Soc., 2010, 132 (42): 14714–14717.

[180] Kim Y, Na H, Kwack S, et al. Synergistic effect of graphene oxide/MWCNT films in laser desorption/ionization mass spectrometry of small molecules and tissue imaging[J]. ACS Nano, 2011, 5 (6): 4550–4561.

[181] Lu J, Wang M, Li Y, et al. Facile synthesis of TiO_2/graphene composites for selective enrichment of phosphopeptides[J]. Nanoscale, 2012, 4 (5): 1577–1580.

[182] Gulbakan B, Yasun E, Shukoor M, et al. A dual platform for selective analyte

enrichment and ionization in mass spectrometry using aptamer–conjugated graphene oxide[J]. J. Am. Chem. Soc., 2010, 132 (49): 17408–17410.

[183] Gamez R, Castellana E, Russell D. Sol–gel–derived silver–nanoparticle–embedded thin film for mass spectrometry–based biosensing[J]. Langmuir, 2013, 29 (21): 6502–6507.

[184] Wang J, Cheng M, Zhang Z, et al. An antibody–graphene oxide nanoribbon conjugate as a surface enhanced laser desorption/ionization probe with high sensitivity and selectivity[J]. Chem. Commun., 2015, 51 (22): 4619–4622.

[185] Zhang J, Zheng X, Ni Y. Selective enrichment and maldi–tof ms analysis of small molecule compounds with vicinal diols by boricacid–functionalized graphene oxide[J]. J. Am. Soc., Mass Spectrom. 2015, 26: 1291–1298.

[186] Zheng X, Zhang J, Wei H, et al. Determination of dopamine in cerebrospinal fluid by MALDI–TOF mass spectrometry with a functionalized graphene oxide matrix[J]. Anal. Lett., 2016, 49 (12): 1847–1861.

[187] Huang R, Chiu W, Po–Jung Lai I, et al. Multivalent aptamer/gold nanoparticle–modified graphene oxide for mass spectrometry–based tumor tissue imaging. Sci. Rep., 2015, 5: 10292–10302.

[188] Kim Y, Na H, Kim S, et al. One–pot synthesis of multifunctional Au@graphene oxide nanocolloid core@shell nanoparticles for Raman bioimaging, photothermal, and photodynamic therapy[J]. Small, 2015, 11 (21): 2527–2535.

[189] Demeritte T, Nellore B, Kanchanapally R, et al. Hybrid graphene oxide based plasmonic–magnetic multifunctional nanoplatform for selective separation and label–free identification of Alzheimer's disease biomarkers[J]. ACS Appl. Mater. Interfaces, 2015, 7 (24): 13693–13700.

[190] Pei S, Cheng H. The reduction of graphene oxide[J]. Carbon, 2012, 50 (9): 3210–3228.

[191] Chen H, Zhang J, Gao Y, et al. Sensitive cell apoptosis assay based on caspase–3 activity detection with graphene oxide–assisted electrochemical signal amplification[J]. Biosens. Bioelectron., 2015, 68: 777–782.

[192] Liu Q, Huan J, Fei A, et al. "Signal on" electrochemiluminescence pentachlorophenol sensor based on luminol–MWCNTs@graphene oxide nanoribbons system[J]. Talanta, 2015, 134: 448–452.

[193] Benvidi A, Firouzabadi A, Moshtaghiun S, et al. Ultrasensitive DNA sensor based on gold nanoparticles/reduced graphene oxide/glassy carbon electrode[J]. Anal. Biochem., 2015, 484 (8): 24–30.

[194] Gao F, Zheng D, Tanaka H, et al. An electrochemical sensor for gallic acid based on Fe_2O_3/electro–reduced graphene oxide composite: estimation for the antioxidant capacity index of wines[J]. Mater. Sci. Eng., 2015, 57: 279–287.

[195] Li J, Wang X, Duan H, et al. Based on magnetic graphene oxide highly sensitive and selective imprinted sensor for determination of sunset yellow[J]. Talanta, 2016, 147 (8): 169–176.

[196] Zhang S, Huang N, Lu Q, et al. A double signal electrochemical human immunoglobulin G immunosensor based on gold nanoparticles–polydopamine functionalized reduced graphene oxide as a sensor platform and AgNPs/carbon nanocomposite as signal probe and catalytic substrate[J]. Biosens. Bioelectron., 2016, 77: 1078–1085.

[197] Ali M, Singh C, Mondal K, et al. Mesoporous few–layer Graphene platform for affinity biosensing application[J]. ACS Appl. Mater. Interfaces, 2016, 8 (12): 7646–7656.

[198] Zhang S, Wang K, Li J, et al. Highly efficient colorimetric detection of ATP utilizing split aptamer target binding strategy and superior catalytic activity of graphene oxide–platinum/gold nanoparticles[J]. RSC Adv., 2015, 5 (92): 75746–75752.

[199] Chau L, He Q, Qin A, et al. Platinum nanoparticles on reduced graphene oxide as peroxidase mimetics for the colorimetric detection of specific DNA sequence[J]. J. Mater. Chem. B, 2016, 4 (23): 4076–4083.

[200] Santoro S, Joyce G, Sakthivel K, et al. RNA cleavage by a DNA enzyme with extended chemical functionality[J]. J. Am. Chem. Soc., 2000, 122 (11): 2433–2439.

[201] Carmi N, Balkhi S, Breaker R. Cleaving DNA with DNA[J]. Proc. Natl. Acad. Sci. U. S. A., 1998, 95 (5): 2233–2237.

[202] Purtha W, Coppins R, Smalley M, et al. General deoxyribozyme–catalyzed synthesis of native 3’–5’ RNA linkages[J]. J. Am. Chem. Soc., 2005, 127 (38): 13124–13125.

[203] Li Y, Breaker R. Phosphorylating DNA with DNA[J]. Proc. Natl. Acad. Sci. U. S. A., 1999, 96 (6): 2746–2751.

[204] Travascio P, Witting P, Mauk A, et al. The peroxidase activity of a hemin–DNA oligonucleotide complex: free radical damage to specific guanine bases of the DNA[J]. J. Am. Chem. Soc., 2001, 123 (7): 1337–1348.

[205] Xiao X, Pavlov V, Gill R, et al. Lighting up biochemiluminescence by the surface self–assembly of DNA–hemin complexes[J]. ChemBioChem, 2004, 5 (3): 374–379.

[206] Travascio P, Li Y, Sen D. DNA–enhanced peroxidase activity of a DNA aptamer–hemin complex[J]. Chem. Biol., 1998, 5 (9): 505–517.

[207] Gong L, Zhao Z, Lv Y, et al. DNAzyme–based biosensors and nanodevices[J]. Chem. Commun., 2015, 51: 979–995.

[208] Li J, Lu Y. A highly sensitive and selective catalytic DNA[J]. J. Am. Chem. Soc., 2000, 122 (42): 10466–10467.

[209] Zhang X, Wang Z, Xing H, et al. Catalytic and molecular beacons for amplified detection of metal ions and organic molecules with high sensitivity[J]. Anal. Chem., 2010, 82 (12): 5005–5011.

[210] Chien M, Thompson M, Gianneschi N. DNA–nanoparticle micelles as supramolecular fluorogenic substrates enabling catalytic signal amplification and detection by DNAzyme probes[J]. Chem. Commun., 2011, 47 (1): 167–169.

[211] Ali M, Aguirre S, Lazim H, et al. Fluorogenic DNAzyme probes as bacterial indicators[J]. Angew. Chem., Int. Ed., 2011, 50 (16): 3751–3754.

[212] Gong L, Zhao Z, Lyu Y, et al. DNAzyme–based biosensors and nanodevices[J]. Chem. Commun., 2015, 51: 979–995.

[213] Kim J, Han S, Chung B. Improving Pb^{2+} detection using DNAzyme–based fluorescence sensors by pairing fluorescence donors with gold nanoparticles[J]. Biosens. Bioelectron., 2011, 26: 2125–2129.

[214] Wang H, Wang L, Huang K, et al. A highly sensitive and selective biosensing strategy for the detection of Pb^{2+} ions based on GR–5 DNAzyme functionalized AuNPs[J]. New J. Chem., 2013, 37 (8): 2557–2563.

[215] Wang L, Jin Y, Deng J, et al. Gold nanorods–based FRET assay for sensitive detection of Pb^{2+} using 8–17 DNAzyme[J]. Analyst, 2011, 136 (24): 5169–5174.

[216] Wen Y, Peng C, Li D, et al. Metal ion-modulated graphene-DNAzyme interactions: design of a nanoprobe for fluorescent detection of lead（Ⅱ）ions with high sensitivity, selectivity and tunable dynamic range[J]. Chem. Commun., 2011, 47 (22): 6278-6280.

[217] Yim T, Liu J, Lu Y, et al. Highly active and stable DNAzyme-carbon nanotube hybrids[J]. J. Am. Chem. Soc., 2005, 127 (35): 12200-12201.

[218] Wu P, Hwang K, Lan T, et al. A DNAzyme-gold nanoparticle probe for uranyl ion in living cells[J]. J. Am. Chem. Soc., 2013, 135 (14): 5254-5257.

[219] Yin B, Zuo P, Huo H, et al. DNAzyme self-assembled gold nanoparticles for determination of metal ions using fluorescence anisotropy assay[J]. Anal. Biochem., 2010, 401 (1): 47-52.

[220] Yu Y, Liu Y, Zhen S, et al. A graphene oxide enhanced fluorescence anisotropy strategy for DNAzyme-based assay of metal ions[J]. Chem. Commun., 2013, 49 (19): 1942-1944.

[221] Liu J, Lu Y. A colorimetric lead biosensor using DNAzyme-directed assembly of gold nanoparticles[J], J. Am. Chem. Soc., 2003, 125 (22): 6642-6643.

[222] Lee J, Wang Z, Liu J, et al. Highly sensitive and selective colorimetric sensors for uranyl (UO_2^{2+}): development and comparison of labeled and label-free DNAzyme-gold nanoparticle systems[J]. J. Am. Chem. Soc., 2008, 130 (43): 14217-14226.

[223] Lin H, Zou Y, Huang Y, et al. DNAzyme crosslinked hydrogel: a new platform for visual detection of metal ions[J]. Chem. Commun., 2011, 47 (33): 9312-9314.

[224] Luo Y, Zhang Y, Xu L, et al. Colorimetric sensing of trace UO_2 (2+) by using nanogold-seeded nucleation amplification and label-free DNAzyme cleavage reaction[J]. Analyst, 2012, 137 (8): 1866-1871.

[225] Miao X, Ling L, Shuai X. Ultrasensitive detection of lead（Ⅱ）with DNAzyme and gold nanoparticles probes by using a dynamic light scattering technique[J]. Chem. Commun., 2011, 47 (14): 4192-4194.

[226] Miao X, Ling L, Shuai X. Detection of Pb^{2+} at attomole levels by using dynamic light scattering and unmodified gold nanoparticles[J]. Anal. Biochem., 2012, 421 (2): 582-586.

[227] Li T, Wang E, Dong S. G–Quadruplex–based DNAzyme as a sensing platform for ultrasensitive colorimetric potassium detection[J]. Chem. Commun., 2009, 45 (5): 580–582.

[228] Li T, Dong S, Wang E. A Lead（Ⅱ）–driven DNA molecular device for turn–on fluorescence detection of Lead（Ⅱ）ion with high selectivity and sensitivity[J]. J. Am. Chem. Soc., 2010, 132 (38): 13156–13157.

[229] Guo L, Nie D, Qiu C, et al. A G–quadruplex based label–free fluorescent biosensor for lead ion[J]. Biosens. Bioelectron., 2012, 35 (1): 123–127.

[230] Wang Y, Irudayaraj J. A SERS DNAzyme biosensor for lead ion detection[J]. Chem. Commun., 2011, 47 (15): 4394–4396.

[231] Sun Y, Kong R, Lu D, et al. A nanoscale DNA–Au dendrimer as a signal amplifier for the universal design of functional DNA–based SERS biosensors[J]. Chem. Commun., 2011, 47 (13): 3840–3842.

[232] Ye S, Guo Y, Xiao J, et al. A sensitive SERS assay of L–histidine via a DNAzyme–activated target recycling cascade amplification strategy[J]. Chem. Commun., 2013, 49 (35): 3643–3645.

[233] Shen L, Chen Z, Li Y, et al. Electrochemical DNAzyme sensor for lead based on amplification of DNA–Au bio–bar codes[J]. Anal. Chem., 2008, 80 (16): 6323–6328.

[234] Yang X, Xu J, Tang X, et al. A novel electrochemical DNAzyme sensor for the amplified detection of Pb^{2+} ions[J]. Chem. Commun., 2010, 46 (18): 3107–3109.

[235] Xiao Y, Rowe A, Plaxco K. Label–free electrochemical detection of DNA in blood serum via target–induced resolution of an electrode–bound DNA pseudoknot[J]. J. Am. Chem. Soc., 2007, 129 (39): 262–263.

[236] Zhang M, Ge L, Ge S, et al. Three–dimensional paper–based electrochemiluminescence device for simultaneous detection of Pb^{2+} and Hg^{2+} based on potential–control technique[J]. Biosens. Bioelectron., 2013, 41 (6): 544–550.

[237] Xiang Y, Lu Y. An invasive DNA approach toward a general method for portable quantification of metal ions using a personal glucose meter[J]. Chem. Commun., 2013, 49 (6): 585–587.

[238] Zhuang J, Fu L, Xu M, et al. DNAzyme–based magneto–controlled electronic switch for picomolar detection of lead(Ⅱ) coupling with DNA–based hybridization chain reaction[J]. Biosens. Bioelectron., 2013, 45 (2): 52–57.

[239] Ge C, Chen J, Wu W, et al. An en zyme–free and label–free assay for copper (Ⅱ) ion detection based on self–assembled DNA concatamers and Sybr Green I[J]. Analyst, 2013, 138 (17): 4737–4740.

[240] Xiang Y, Tong A, Lu Y. Abasic site–containing DNAzyme and aptamer for label–free fluorescent detection of Pb^{2+} and adenosine with high sensitivity, selectivity, and tunable dynamic range[J]. J. Am. Chem. Soc., 2009, 131 (42): 15352–15357.

[241] Zhang L, Han B, Li T, et al. Label–free DNAzyme–based fluorescing molecular switch for sensitive and selective detection of lead ions[J]. Chem. Commun., 2011, 47 (11): 3099–3101.

[242] Akhand A, Pu M, Du J, et al. Magnitude of protein tyrosine phosphorylation–linked signals determines growth versus death of thymic T lymphocytes[J]. Eur. J. Immunol., 1997, 27 (5): 1254–1259.

[243] Amin R, Paul R, Thakur V, et al. A novel role for p73 in the regulation of Akt–Foxo1a–Bim signaling and apoptosis induced by the plant lectin, concanavalin A[J]. Cancer Res., 2007, 67 (12): 5617–5621.

[244] Fayad R, Sennello J A, Kim S, et al. Induction of thymocyte apoptosis by systemic administration of concanavalin A in mice: role of TNF–alpha, IFN–gamma and glucocorticoids[J]. Eur. J. Immunol., 2005, 35 (8): 2304–2312.

[245] Tamura T, shihara M, Lamphier M, et al. An IRF–1–dependent pathway of DNA damage–induced apoptosis in mitogen–activated T lymphocytes[J]. Nature, 1995, 376 (6541): 596–599.

[246] Zhao R, Guerrah A, Tang H, et al. Cell surface glycoprotein PZR is a major mediator of concanavalin a–induced cell signaling[J]J. Biol. Chem., 2002, 277 (10): 7882–7888.

[247] Kobata A, Amano J. Altered glycosylation of proteins produced by malignant cells, and application for the diagnosis and immunotherapy of tumours[J]. Immunol. Cell Biol., 2005, 83 (4): 429–439.

[248] Hone D, Haines A, Russell D. Rapid quantitative colorimetric detection of a

lectin using mannose-stabilized gold nanoparticles[J]. Langmuir, 2003, 19 (17): 7141–7144.

[249] Schofield C, Haines A, Field R, et al. Silver and gold glyconanoparticles for colorimetric bioassays[J]. Langmuir, 2006, 22 (15): 6707–6711.

[250] Zou L, Pang H, Chan P, et al. Trityl-derivatized carbohydrates immobilized on a polystyrene microplate[J]. Carbohydrate Research, 2008, 343 (17): 2932–2938.

[251] Li Y, Shi F, Cai N, et al. A biosensing platform for sensitive detection of concanavalin based on fluorescence resonance energy transfer from CdTe quantum dots to graphene oxide[J]. New J. Chem., 2015, 39: 6092–6098.

[252] Li Y, Zhang S, Dai H, et al. An enzyme-free photoelectrochemical sensing of concanavalin based on graphene-supported TiO_2 mesocrystal[J]. Sensors & Actuators B Chemical, 2016, 232: 226–233.

[253] Guo C, Boullanger P, Jiang L, et al. One-step immobilization of alkanethiol/glycolipid vesicles onto gold electrode: amperometric detection of Concanavalin A[J]. Colloids and Surfaces B: Biointerfaces, 62 (1): 146–150.

[254] Liu B, Zhang B, Chen G, et al. Proximity ligation assay with three-way junction-induced rolling circle amplification for ultrasensitive electronic monitoring of concanavalin A[J]. Anal. Chem., 2014, 86 (15): 7773–7781.

[255] Huang C, Yao G, Liang R, et al. Graphene oxide and dextran capped gold nanoparticles based surface plasmon resonance sensor for sensitive detection of concanavalin A[J]. Biosens. Bioelectron., 2013, 50 (4): 305–310.

[256] Sun X, Liu Z, Welsher K, et al. Nano-graphene oxide for cellular imaging and drug delivery[J]. Nano Res., 2008, 1 (3): 203–212.

[257] Liu Z, Robinson J, Sun X, et al. PEGylated nano-graphene oxide for delivery of water insoluble cancer drugs[J]. J. Am. Chem. Soc., 2008, 130 (33): 10876–10877.

[258] Liu X, Wang F, Aizen R, et al. Graphene oxide/nucleic-acid-stabilized silver nanoclusters: functional hybrid materials for optical aptamer sensing and multiplexed analysis of pathogenic DNAs[J]. J. Am. Chem. Soc., 2013, 135 (32): 11832–11839.

[259] Wen Y, Xing F, He S, et al. A graphene-based fluorescent nanoprobe for

silver (I) ions detection by using graphene oxide and a silver-specific oligonucleotide[J]. Chem. Commun., 2010, 46 (15): 2596–2598.

[260] Liu Z, Chen S, Liu B, et al. Intracellular detection of ATP using an aptamer beacon covalently linked to graphene oxide resisting nonspecific probe displacement[J]. Anal. Chem., 2014, 86 (24): 12229–12235.

[261] Dou M, García J, Zhan S, et al. Interfacial nano-biosensing in microfluidic droplets for high-sensitivity detection of low-solubility molecules[J]. Chem. Commun., 2016, 52 (17): 3470–3473.

[262] Chang H, Tang L, Wang Y, et al. Graphene fluorescence resonance energy transfer aptasensor for the thrombin detection[J]. Anal. Chem., 2010, 82 (6): 2341–2346.

[263] Pérezruiz E, Kemper M, Spasic D, et al. Probing the force-induced dissociation of aptamer-protein complexes[J]. Anal. Chem., 2014, 86 (6): 3084–3091.

[264] Zhang L, Xia J, Zhao Q, et al. Functional graphene oxide as a nanocarrier for controlled loading and targeted delivery of mixed anticancer drugs[J]. Small, 2010, 6 (4): 537–544.

[265] Mei Q, Chen J, Zhao J, et al. Atomic oxygen tailored graphene oxide nanosheets emissions for multicolor cellular imaging[J]. Appl. Mater. Interfaces, 2016, 8 (11): 7390–7395.

[266] Wang Y, Yang F, Yang X. Colorimetric biosensing of mercury（Ⅱ）ion using unmodified gold nanoparticle probes and thrombin-binding aptamer[J]. Biosens. Bioelectron., 2010, 25 (8): 1994–1998.

[267] Sharma A, Kent A, Heemstra J. Enzyme-linked small-molecule detection using split aptamer ligation[J]. Anal. Chem., 2012, 84 (14): 6104–6109.

[268] Du Y, Li B, Wei H, et al. Multifunctional label-free electrochemical biosensor based on an integrated aptamer [J]. Anal. Chem., 2008, 80 (13): 5110–5117.

[269] Bock L, Griffin L, Latham J, et al. Selection of single-stranded DNA molecules that bind and inhibit human thrombin[J]. Nature, 1992, 355 (6360): 564–566.

[270] Xiao Z, Shuangguan D, Cao Z, et al. Cell-specific internalization study of an aptamer from whole cell selection[J]. Chem. Eur. J., 2008, 14 (6): 1769–1775.

[271] Tian J, Ding L, Ju H, et al. A multifunctional nanomicelle for real–time targeted imaging and precise near–infrared cancer therapy[J]. Angew. Chem., 2014, 53 (36): 9544–9549.

[272] Sefah K, Phillips J, Xiong X, et al. Nucleic acid aptamers for biosensors and bio–analytical applications[J]. Analyst, 2009, 134 (9): 1765–1775.

[273] Li X, An Y, Jin J, et al. Evolution of DNA aptamers through in vitro metastatic–cell–based systematic evolution of ligands by exponential enrichment for metastatic cancer recognition and imaging[J]. Anal. Chem., 2015, 87 (9): 4941–4948.

[274] Ahirwar R, Nahar P. Screening and identification of a DNA aptamer to concanavalin A and its application in food analysis[J]. J. Agric. Food Che., 2015, 63 (16): 4104–4111.

[275] Gradinaru C, Marushchak D, Samim M, et al. Fluorescence anisotropy: from single molecules to live cells[J]. Analyst, 2010, 135 (3): 452–459.

[276] Jovin T, Lidke D. Dynamic and static fluorescence anisotropy in biological microscopy (rFLIM and emFRET)[J]. Proceedings of the SPIE, 2004, 5323: 260–266.

[277] Breaker R. DNA aptamers and DNA enzymes[J]. Curr. Opin. Chem. Biol., 1997, 1 (1): 26–31.

[278] Osborne S, Ellington A. Nucleic acid selection and the challenge of combinatorial chemistry[J]. Chem. Res., 1997, 97 (2): 349–370.

[279] Famulok M, Mayer G, Blind M. Nucleic acid aptamers–from selection in vitro to applications in vivo. [J]. Acc. Chem. Res., 2000, 33 (9): 591–599.

[280] Wilson D, Szostak J. In vitro selection of functional nucleic acids. Annu[J]. Rev. Biochem., 1999, 68 (68): 611–647.

[281] Nutiu R, Li Y. Structure–switching signaling aptamers[J]. J. Am. Chem. Soc., 2003, 125: 4771–4778.

[282] Huizenga D, Szostak J. A DNA aptamer that binds adenosine and ATP[J]. Biochemistry, 1995, 34 (2): 656–665.

[283] Tyagi S, Kramer F. Molecular beacons: probes that fluoresce upon hybridization[J]. Nat. Biotechnol., 1996, 14 (3): 303–308.

[284] Urata H, Nomura K, Wada S, et al. Fluorescent–labeled single–strand ATP

aptamer DNA: chemo- and enantio-selectivity in sensing adenosine[J]. Biochem. Biophys. Res. Commun, 2007, 360 (2): 459–463.

[285] Ho H, Leclerc M. Optical sensors based on hybrid aptamer/conjugated polymer complexes[J]. J. Am. Chem. Soc., 2004, 126 (5): 1384–1387.

[286] Katilius E, Katiliene Z, Woodbury N. Signaling aptamers created using fluorescent nucleotide analogues[J]. Anal. Chem., 2006, 78 (18): 6484–6489.

[287] Li T, Shi L, Wang E, et al. Silver-ion-mediated DNAzyme switch for the ultrasensitive and selective colorimetric detection of aqueous Ag^+ and cysteine[J]. Chem. Eur. J., 2009, 15 (14): 3347–3350.

[288] Martí A, Jockusch S, Li Z, et al. Molecular beacons with intrinsically fluorescent nucleotides[J]. Nucl. Acids Res., 2006, 34 (6): e50.

[289] Soulière M, Haller A, Rieder R, et al. A powerful approach for the selection of 2-aminopurine substitution sites to investigate RNA folding[J]. J. Am. Chem. Soc., 2011, 133 (40): 16161–16167.

[290] Liao D, Jiao H, Wang B, et al. KF polymerase-based fluorescence aptasensor for the label-free adenosine detection[J]. Analyst, 2012, 137: 978–982.

[291] Lu L, Zhong H, He B, et al. Development of a luminescent G-quadruplex-selective iridium (Ⅲ) complex for the label-free detection of adenosine[J]. Scientific Reports, 2016, 6: 19368–19377.

[292] Lv Z, Liu J, Zhou Y, et al. Highly sensitive fluorescent detection of small molecules, ions, and proteins using a universal label-free aptasensor[J]. Chem. Commun., 2013, 49 (48): 5465–5467.

[293] Sun J, Jiang W, Zhu J, et al. Label-free fluorescence dual-amplified detection of adenosine based on exonuclease Ⅲ-assisted DNA cycling and hybridization chain reaction[J]. Biosens. Bioelectron., 2015, 70: 15–20.

[294] Fu B, Cao J, Jiang W, et al. A novel enzyme-free and label-free fluorescence aptasensor for amplified detection of adenosine[J]. Biosens. Bioelectron., 2013, 44: 52–56.

[295] Kang L, Yang B, Zhang X, et al. Enzymatic cleavage and mass amplification strategy for small molecule detection using aptamer-based fluorescence polarization biosensor[J]. Analytica Chimica Acta, 2015, 879: 91–96.

[296] Zhao W, Chiuman W, Lam J, et al. DNA aptamer folding on gold

nanoparticles: from colloid chemistry to biosensors[J]. J. AM. CHEM. SOC., 2008, 130 (11): 3610–3618.

[297] Li B, Du Y, Wei H, et al. Reusable, label–free electrochemical aptasensor for sensitive detection of small molecules[J]. Chem. Commun., 2007, 36 (36): 3780–3782.

[298] Liao R, He K, Chen C, et al. Double–strand displacement biosensor and quencher free fluorescence strategy for rapid detection of microRNA[J]. Anal. Chem., 2016, 88 (8): 4254–4258.

[299] Zhang S, Xia J, Li X. Electrochemical biosensor for detection of adenosine based on structure–switching aptamer and amplification with reporter probe DNA modified Au nanoparticles[J]. Anal. Chem., 2008, 80 (22): 8382–8388.

[300] Brundege J, Dunwiddie T. Role of adenosine as a modulator of synaptic activity in the central nervous system[J]. Adv. Pharmacol., 1997, 39 (39): 353–391.

[301] Salmi P, Chergui K, Fredholm B. Adenosine–dopamine interactions revealed in knockout miceJournal of Molecular[J]. Neuroscience, 2005, 26 (2): 239–244.

[302] Spychala J. Tumor–promoting functions of adenosine[J]. Pharmacol. Ther., 2000, 87 (2): 161–173.

[303] Giglioni S, Leoncini R, Aceto E, et al. Adenosine kinase gene expression in human colorectal cancer[J]. Nucleosides Nucleotides Nucleic Acids, 2008, 27 (6): 750–754.

[304] Goyal R, Gupta V, Chatterjee S. Simultaneous determination of adenosine and inosine using single–wall carbon nanotubes modified pyrolytic graphite electrode[J]. Talanta, 2008, 76 (3): 662–668.

[305] Porkka–Heiskanen T, Strecker R, Mccarley R. Brain site–specificity of extracellular adenosine concentration changes during sleep deprivation and spontaneous sleep: an in vivo microdialysis study[J]. Neuroscience, 2000, 99 (3): 507–517.

[306] Dunwiddie T, Masino S. The role and regulation of adenosine in the central nervous system[J]. Annual Review of Neuroscience, 2001, 24 (24): 31–55.

[307] Zhang Z, Oni O, Liu J. New insights into a classic aptamer: binding sites, cooperativity and more sensitive adenosine detection[J]. Nucleic Acids

Research, 2017, 45 (13): 7593–7601.

[308] Ye S, Li H, Cao W. Electrogenerated chemiluminescence detection of adenosine based on triplex DNA biosensor[J]. Biosens. Bioelectron., 2011, 26 (5): 2215–2220.

[309] Chen J, Liu X, Feng K, et al. Detection of adenosine using surface–enhanced Raman scattering based on structure–switching signaling aptamer[J]. Biosens. Bioelectron., 2008, 24 (1): 66–71.

[310] Yan F, Wang F, Chen Z. Aptamer–based electrochemical biosensor for label–free voltammetric detection of thrombin and adenosine[J]. Sensors and Actuators B, 2011, 160 (1): 1380–1385.

[311] Huang P, Liu J. Flow cytometry–assisted detection of adenosine in serum with an immobilized aptamer sensor[J]. Analytical Chemistry, 2010, 82 (10): 4020–4026.

[312] He Y, Wang Z, Tang H, et al. Low background signal platform for the detection of ATP: when a molecular aptamer beacon meets graphene oxide[J]. Biosens. Bioelectron., 2011, 29 (1): 76–81.

[313] Song P, Xiang Y, Xing H, et al. Label–free catalytic and molecular beacon containing a basic site for sensitive fluorescent detection of small inorganic and organic molecules[J]. Anal. Chem., 2012, 84 (6): 2916–2932.

[314] Zhang M, Guo S, Li Y, et al. A label–free fluorescent molecular beacon based on DNA–templated silver nanoclusters for detection of adenosine and adenosine deaminase[J]. Chemical Communication, 2012, 48 (44): 5488–5490.

[315] Qiang W, Liu H, Li W, et al. Label–free detection of adenosine based on fluorescence resonance energy transfer between fluorescent silica nanoparticles and unmodified gold nanoparticles[J]. Analytica Chimica Acta, 2014, 828 (5800): 92–98.

[316] Song Q, Peng M, Wang L, et al. A fluorescent aptasensor for amplified label–free detection of adenosine triphosphate basedoncore–shell Ag@SiO_2 nanoparticles[J]. Biosens. Bioelectron., 2016, 77 (3): 237–241.

[317] Jones A, Neely R. 2–aminopurine as a fluorescent probe of DNA conformation and the DNA–enzyme interface[J]. Q. Rev. Biophys., 2015, 48 (2): 244–279.

[318] Hall K. 2–aminopurine as a probe of RNA conformational transitions[J].

Methods Enzymol, 2009, 469: 269–285.

[319] Zhou W, Ding J, Liu J. 2–aminopurine–modified DNA homopolymers for robust and sensitive detection of mercury and silver[J]. Biosens. Bioelectron., 2017, 87 (87): 171–177.

[320] Li N, Ho C. Aptamer–based optical probes with separated molecular recognition and signal transduction modules[J]. J. AM. CHEM. SOC., 2008, 130 (8): 2380–2381.

[321] Somsen O. Fluorescence quenching of 2–aminopurine in dinucleotides[J]. Chem. Phys. Lett., 2005, 402 (1): 61–65.

[322] Rachofsky E, Osman R, Ross J. Probing structure and dynamics of DNA with 2–aminopurine: effects of local environment on fluorescence[J]. Biochemistry, 2001, 40 (4): 946–956.

[323] Mitsis P, Kwagh J. Characterization of the interaction of lambda Exonuclease with the ends of DNA[J]. Nucleic Acids Res., 1999, 27 (15): 3057–3063.

[324] Reha–Krantz L. The use of 2–aminopurine fluorescence to study DNA polymerase function[J]. Methods in Molecular Bio Rapid and label–free monitoring of Exonuclease Ⅲ–assisted target recycling amplification logy, 2009, 521: 381–396.

[325] Xu Q, Cao A, Zhang L, et al. Rapid and label–free monitoring of exonuclease Ⅲ –assisted target recycling amplification[J]. Anal. Chem., 2012, 84 (24): 10845–10851.

[326] Zhu G, Liang L, Zhang C. Quencher–free fluorescent method for homogeneously sensitive detection of microRNAs in human lung tissues[J]. Anal. Chem., 2014, 86 (22): 11410–11416.

[327] Ma C, Liu H, Wu K, et al. An Exonuclease I–based quencher–free fluorescent method using DNA hairpin probes for rapid detection of microRNA[J]. Sensors, 2017, 17 (4): 760–767.

[328] Zhou W, Ding J, Liu J. A highly specific sodium aptamer probed by 2–aminopurine for robust Na+ sensing[J]. Nucleic Acids Research, 2016, 44 (21): 10377–10385.

[329] Wu S, Duan N, Ma X, et al. A highly sensitive fluorescence resonance energy transfer aptasensor for staphylococcal enterotoxin B detection based on

exonuclease-catalyzed target recycling strategy[J]. Anal. Chim. Acta, 2013, 782 (9): 59-66.

[330] Zheng D, Zou R, Lou X. Label-free fluorescent detection of ions, proteins, and small molecules using structure-switching aptamers, SYBR gold and exonuclease I[J]. Anal. Chem., 2012, 84 (8): 3554-3560.

[331] Stockwell B. Exploring biology with small organic molecules[J]. Nature, 2004, 432 (7019): 846-854.

[332] Howitz K, Bitterman K, Cohen H, et al. Small molecule activators of sirtuins extend Saccharomyces cerevisiae lifespan[J]. Nature, 2003, 425 (6954): 191-196.

[333] Vassilev L, Vu B, Graves B, et al. In vivo activation of the p53 pathway by small-molecule antagonists of MDM2[J]. Science, 2004, 303 (5659): 844-848.

[334] Famulok M, Hartig J, Mayer G. Functional aptamers and aptazymes in biotechnology, diagnostics, and therapy[J]. Chem. Rev., 2007, 107 (9): 3715-3743.

[335] Wu Z, Zhen Z, Jiang J, et al. Terminal protection of small-molecule-linked DNA for sensitive electrochemical eetection of protein binding via selective carbon nanotube assembly[J]. J. Am. Chem. Soc., 2009, 131 (34): 12325-12332.

[336] Cai Q, Wang C, Zhou J, et al. Terminal protection G-quadruplex-based turn-on fluorescence biosensor for H5N1 antibody[J]. Anal. Methods, 2012, 4 (10): 3425-3428.

[337] Wei X, Zheng L, Luo F, et al. Fluorescence biosensor for the H5N1 antibody based on a metal-organic framework platform[J]. J. Mater. Chem. B, 2013, 1 (13): 1812-1817.

[338] Wei X, Lin W, Ma N, et al. Sensitive fluorescence biosensor for folate receptor based on terminal protection of small-molecule-linked DNA[J]. Chem. Commun., 2012, 48 (49): 6184-6186.

[339] He Y, Xing X, Tang H, et al. Graphene oxide - based fluorescent biosensor for protein detection via terminal protection of small - molecule - linked DNA[J]. Small, 2013, 9 (12): 2097-2101.

[340] Wang G, He X, Wang L, et al. A folate receptor electrochemical sensor based on terminal protection and supersandwich DNAzyme amplification[J]. Biosens. Bioelectron., 2013, 42 (12): 337-341.

[341] Wang Q, Jiang B, Xu J, et al. Amplified terminal protection assay of small molecule/protein interactions via a highly characteristic solid–state Ag/AgCl process[J]. Biosens. Bioelectron., 2013, 43 (1): 19–24.

[342] Cao Y, Zhu S, Yu J, et al. Protein detection based on small molecule–linked DNA[J]. Anal. Chem., 2012, 84 (10): 4314–4320.

[343] Luo M, Xiang X, Xiang D, et al. A universal platform for amplified multiplexed DNA detection based on exonuclease Ⅲ–coded magnetic microparticle probes[J]. Chem. Commun., 2012, 48 (59): 7416–7418.

[344] Freeman R, Liu X, Willner I. Amplified multiplexed analysis of DNA by the exonuclease Ⅲ–catalyzed regeneration of the target DNA in the presence of functionalized semiconductor quantum dots[J]. Nano Lett., 2011, 11 (10): 4456–4461.

[345] Cui L, Ke G, Zhang W, et al. A universal platform for sensitive and selective colorimetric DNA detection based on Exo Ⅲ assisted signal amplification[J]. Biosens. Bioelectron., 2011, 26 (5): 2796–2800.

[346] Hu P, Zhu C, Jin L, et al. An ultrasensitive fluorescent aptasensor for adenosine detection based on exonuclease Ⅲ assisted signal amplification[J]. Biosens. Bioelectron., 2012, 34 (1): 83–87.

[347] Liu X, Freeman R, Willner I. Amplified fluorescence aptamer–based sensors using exonuclease Ⅲ for the regeneration of the analyte[J]. Chem. Eur. J., 2012, 18 (8): 2207–2211.

[348] Xuan F, Luo X, Hsing I. Conformation–dependent exonuclease Ⅲ activity mediated by metal ions reshuffling on thymine–rich DNA duplexes for an ultrasensitive electrochemical method for Hg^{2+} detection[J]. Anal. Chem., 2013, 85 (9): 4586–4593.

[349] Chen C, Zhao J, Jiang J, et al. A novel exonuclease Ⅲ–aided amplification assay for lysozyme based on graphene oxide platform[J]. Talanta, 2012, 101 (22): 357–361.

[350] Ju H. Signal amplification for highly sensitive bioanalysis based on biosensors or biochips[J]. J. Biochips Tissue Chips, 2012, 2 (3): e114.

[351] Mol C, Kuo C, Thayer M, et al. Structure and function of the multifunctional DNA–repair enzyme exonuclease Ⅲ [J]. Nature, 1995, 374 (6520): 381–386.

[352] Zuo X, Xia F, Xiao Y, et al. Sensitive and selective amplified fluorescence DNA detection based on exonuclease Ⅲ -aided target recycling[J]. J. Am. Chem. Soc., 2010, 132 (6): 1816–1818.

[353] Liu X, Freeman R, Willner I. Amplified fluorescence aptamer–based sensors using exonuclease Ⅲ for the regeneration of the analyte[J]. Chem. Eur. J., 2012, 18 (8): 2207–2211.

[354] Zhou G, Wang P, Yuan J, et al. Immunomagnetic assay combined with CdSe/ZnS amplification of chemiluminescence for the detection of abscisic acid[J]. SCI. CHINA Chem., 2011, 54: 1298–1303.

[355] Jia C, Zhong X, Hua B, et al. Nano–ELISA for highly sensitive protein detection[J]. Biosens. Bioelectron., 2009, 24: 2836–2841.

[356] Schweitzer B, Wiltshire S, Lambert J, et al. Immunoassays with rolling circle DNA amplification: A versatile platform for ultrasensitive antigen detection[J]. Proc. Natl. Acad. Sci. U. S. A., 2000, 97: 10113–10119.

[357] Choi J, Routenberg K, Gong Y, et al. Immuno–hybridization chain reaction for enhancing detection of individual Cytokine–secreting human peripheral mononuclear cells[J]. Anal. Chem., 2011, 83: 6890–6895.

[358] Hong Z, Robert J, Taki S. Universal immuno–PCR for ultra–sensitive target proteindetection[J]. Nucleic Acids Res., 1993, 21: 6–38.

[359] Nam J, Thaxton C, Mirkin A. Nanoparticle–based bio–bar codes for the ultrasensitive detection of proteins[J]. Science, 2003, 301: 1884–1886.

[360] Xue Q, Wang L, Jiang W. A versatile platform for highly sensitive detection of protein: DNA enriching magnetic nanoparticles based rolling circle amplification immunoassay[J]. Chem. Commun., 2012, 48: 3930–3932.

[361] Zhang B, Liu B, Tang D, et al. DNA–based hybridization chain reaction for amplified bioelectronic signal and ultrasensitive detection of proteins[J]. Anal. Chem., 2012, 84: 5392–5399.

[362] Zhou G, Zhang X, Ji X. Ultrasensitive detection of small molecule–protein interaction via terminal protection of small molecule linked DNA and Exo Ⅲ–aided DNA recycling amplification[J]. Chem. Comm., 2013, 49 (78): 1–3.

[363] Liu H, Bai Y, Qin J, et al. A novel fluorescent concanavalin a detection platform using an anti–concanavalin a aptamer and graphene oxide [J]. Anal.

Methods, 2017, 9: 744–747.

[364] 刘海燕，白云峰，高志慧，等．基于 2– 氨基嘌呤修饰探针的适配体传感器用于检测腺苷 [J]. 分析实验室，2022, 8: 910–914.

[365] Liu H, Bai Y, Qin J, et al. Exonuclease I assisted fluorometric aptasensor for adenosine detection using 2–AP modified DNA[J]. Sensors and Actuators B: Chemical, 2018, 256: 413–419.

附　图

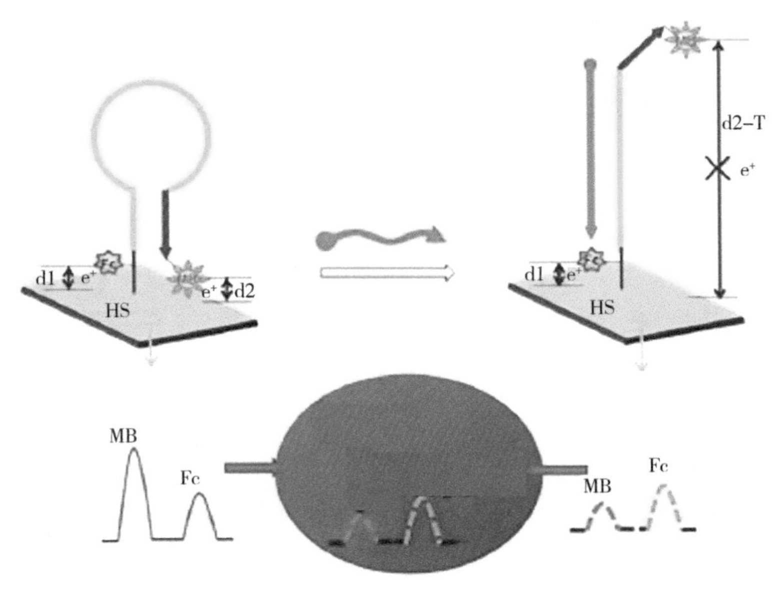

图 1-2　基于适配体的比率电化学传感器[71]

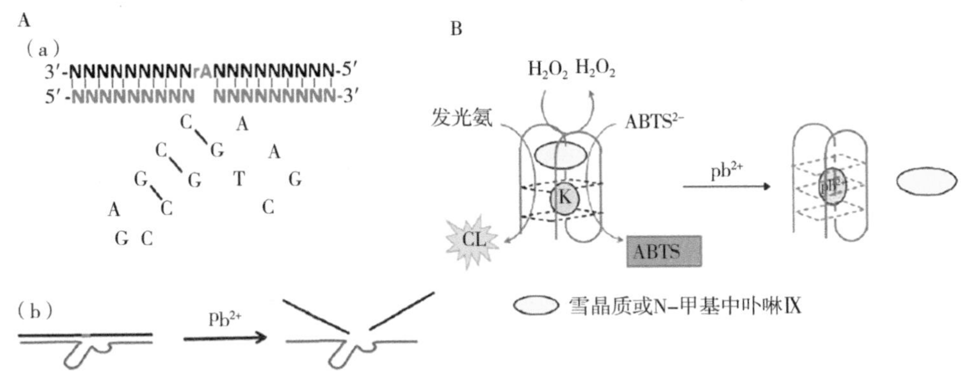

图 1-3　(A) (a) 脱氧核酶的二级结构（8–17）。(b) Pb^{2+} 存在时，底物链的裂解；(B) HRP-mimicking DNAzyme or G4-DNAzyme 的形成[207]

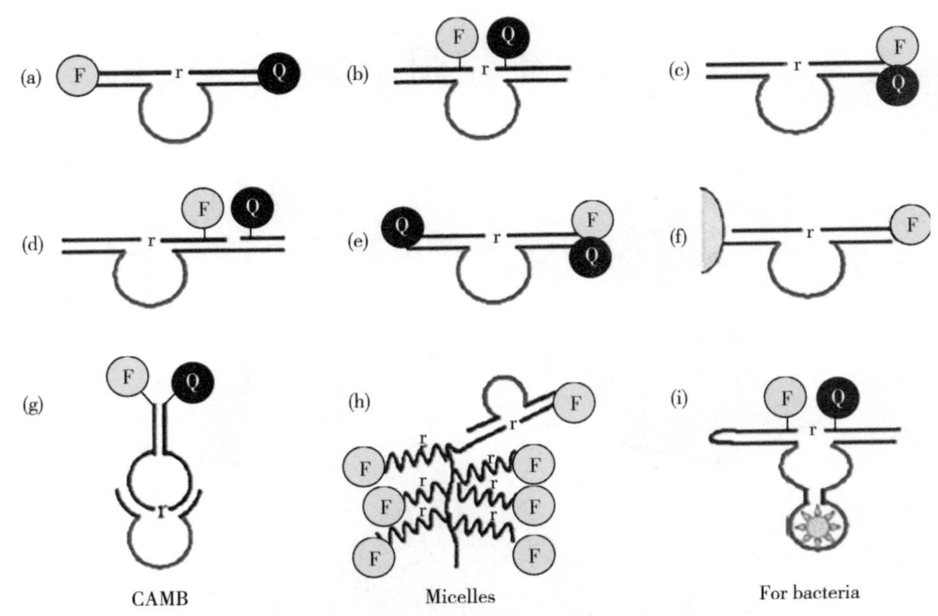

图 1–4　荧光基团 – 猝灭基团（F–Q）对检测分析物的作用机理 [212]

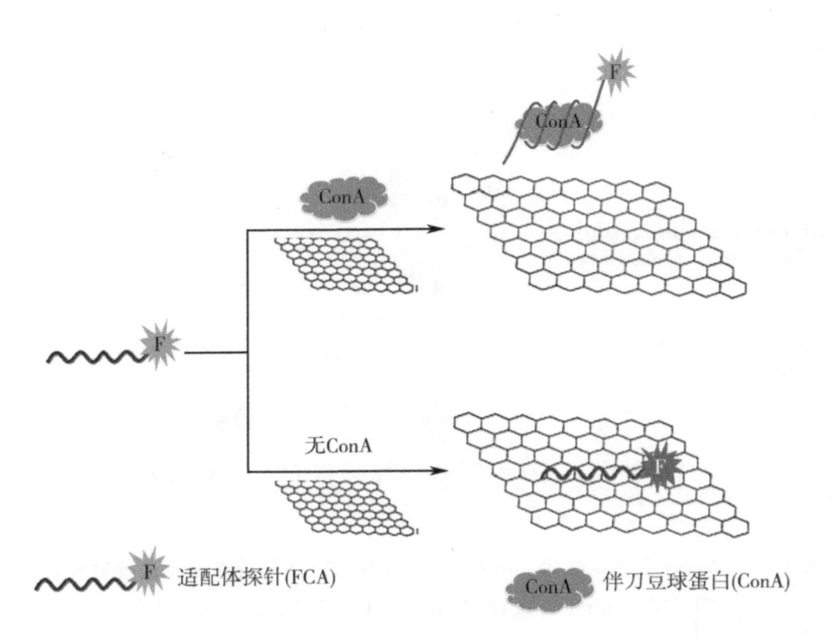

图 2–1　基于伴刀豆球蛋白 A 适配体的伴刀豆球蛋白 A 荧光生物传感器设计原理示意图

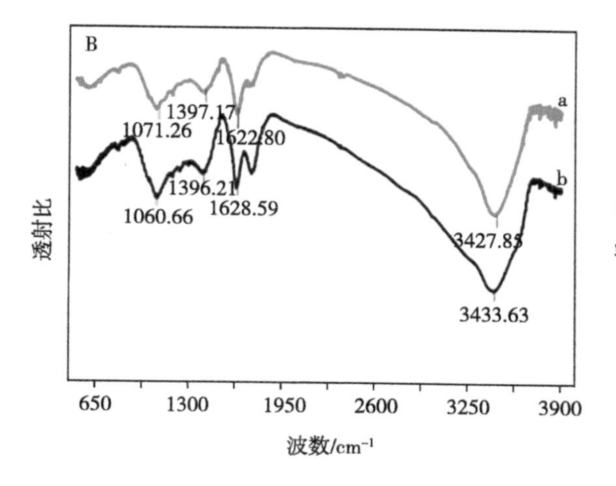

图 2–2 （B）GO 和 FCA/GO 的红外光谱图

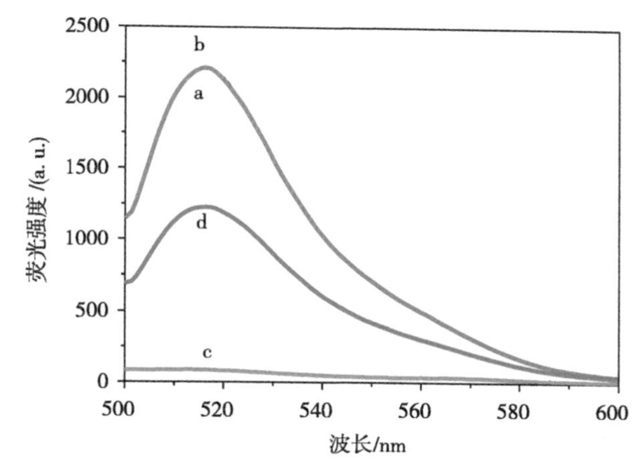

图 2–3 传感系统在不同条件下的荧光发射光谱：(a) FCA，(b) FCA + ConA，(c) FCA + GO，(d) FCA + ConA + GO。FCA、ConA 和 GO 的浓度分别为 10 nmol/L、200 nmol/L 和 20 mg/mL。激发波长为 481 nm

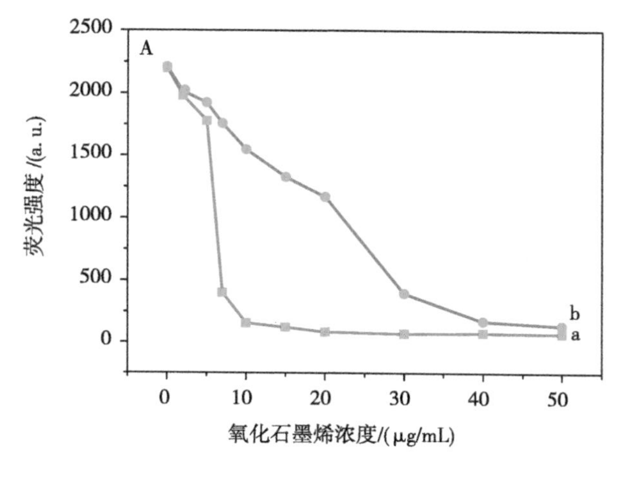

图 2–5 (A) 不同浓度 GO 对荧光强度的影响

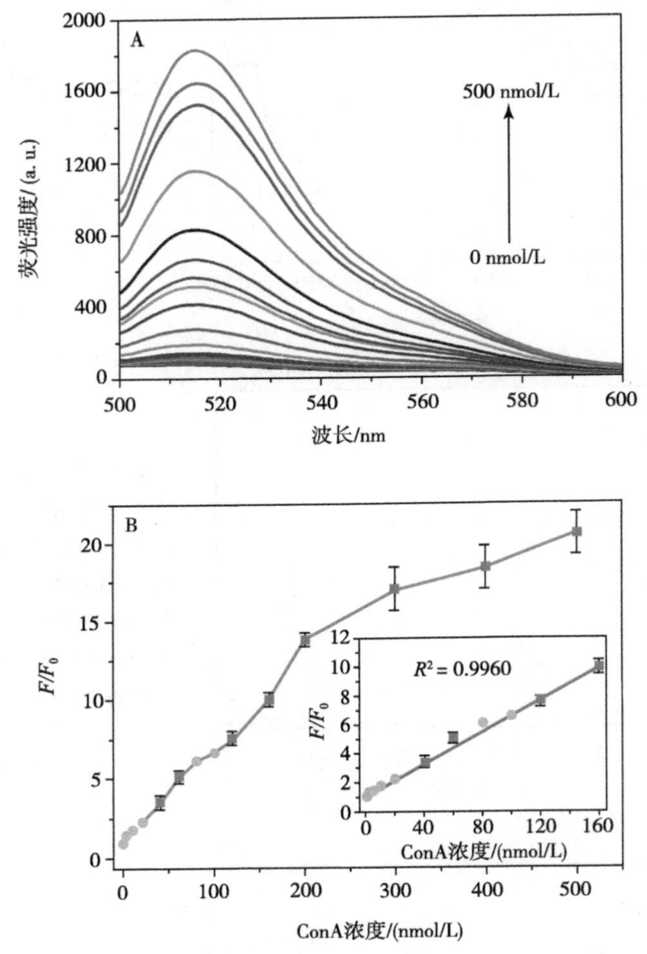

图 2–9　传感系统对 ConA 的检测灵敏度。（A）存在不同浓度的 ConA 时传感体系的荧光发射光谱。箭头表示的是随 ConA 的浓度增加荧光信号的变化趋势，ConA 的浓度依次为：0 nmol/L、0.4 nmol/L、0.6 nmol/L、0.8 nmol/L、1 nmol/L、3 nmol/L、5 nmol/L、10 nmol/L、20 nmol/L、40 nmol/L、60 nmol/L、80 nmol/L、100 nmol/L、120 nmol/L、160 nmol/L、200 nmol/L、300 nmol/L、400 nmol/L 和 500 nmol/L。（B）传感体系的校正曲线，插图为低浓度 ConA 的 F/F_0 与浓度的线性相关图。F_0 和 F 分别表示未加入 ConA 和加入 ConA 后传感系统的荧光强度。激发波长为 481 nm

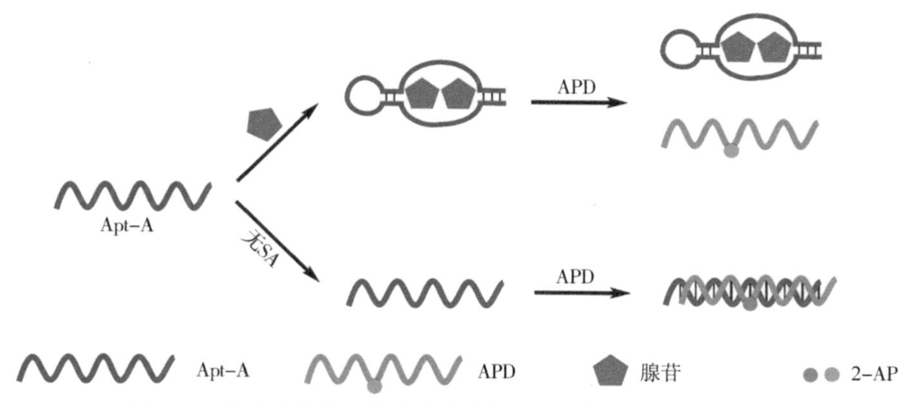

图 3-1　基于腺苷适配体的腺苷荧光生物传感器设计原理示意图

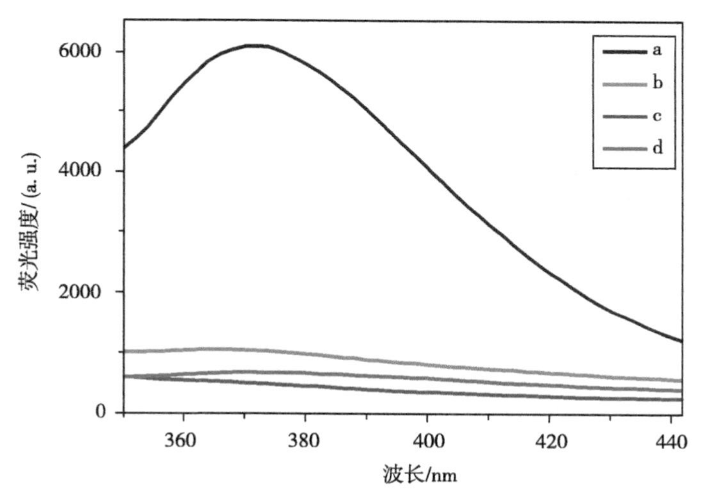

图 3-2　传感系统在不同条件下的荧光发射光谱：(a) 2–AP，(b) APD，(c) Apt–A+APD，(d) Apt–A+adenosine+APD。2–AP、APD、Apt–A 和腺苷的浓度分别为 50 nmol/L、50 nmol/L、50 nmol/L 和 500 μmol/L。激发波长和发射波长分别为 300 nm 和 367 nm

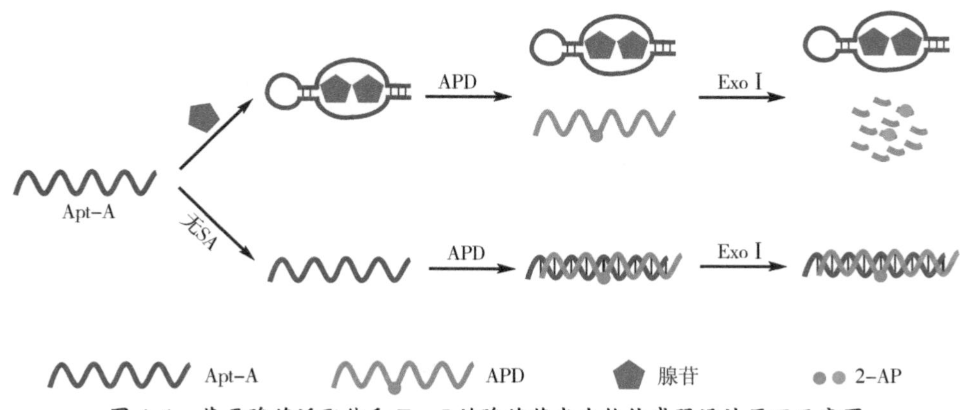

图 4-1　基于腺苷适配体和 Exo I 的腺苷荧光生物传感器设计原理示意图

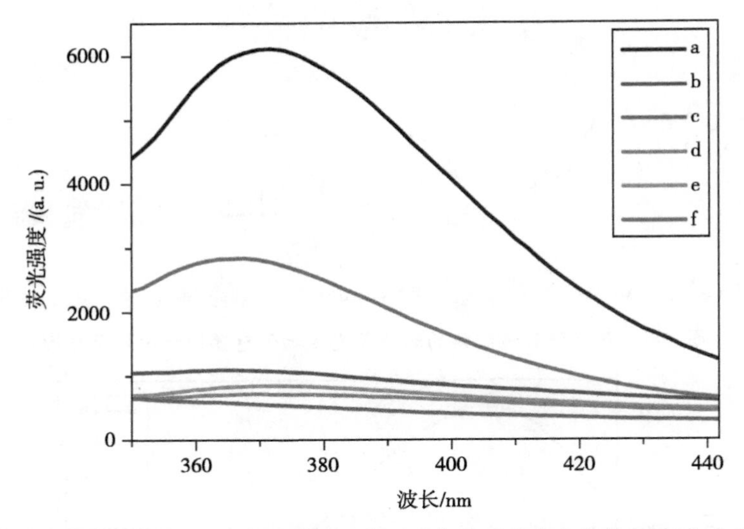

图 4-2　基于腺苷适配体和 Exo I 的传感系统在不同条件下的荧光发射光谱：(a) 2-AP，(b) APD，(c) Apt-A+APD，(d) Apt-A+adenosine+APD，(e) Apt-A+APD+Exo I，(f) Apt-A+adenosine+APD+Exo I。2-AP、APD、Apt-A、腺苷和 Exo I 的浓度分别为 50 nmol/L、50 nmol/L、50 nmol/L、500 μmol/L 和 20 U。激发波长和发射波长分别为 300 nm 和 367 nm

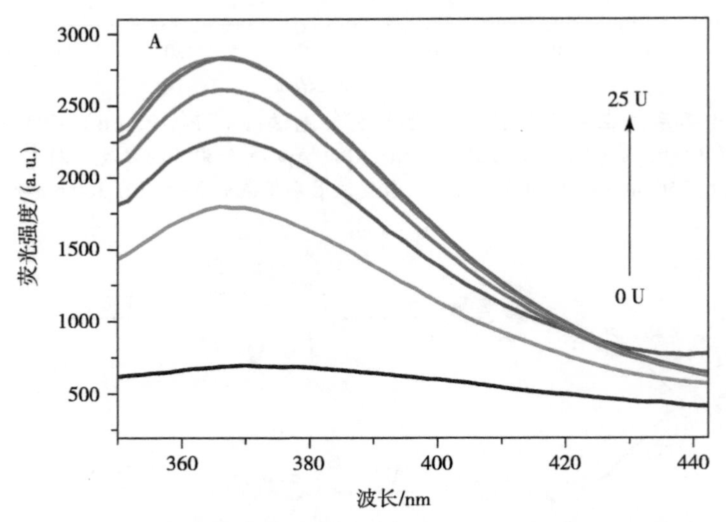

图 4-6　(A) Exo I 浓度对传感体系的影响。Apt-A、APD 和腺苷的浓度分别为 50 nmol/L、50 nmol/L 和 500 μmol/L。Exo I 的浓度分别为 0 U、5 U、10 U、15 U、20 U、25 U

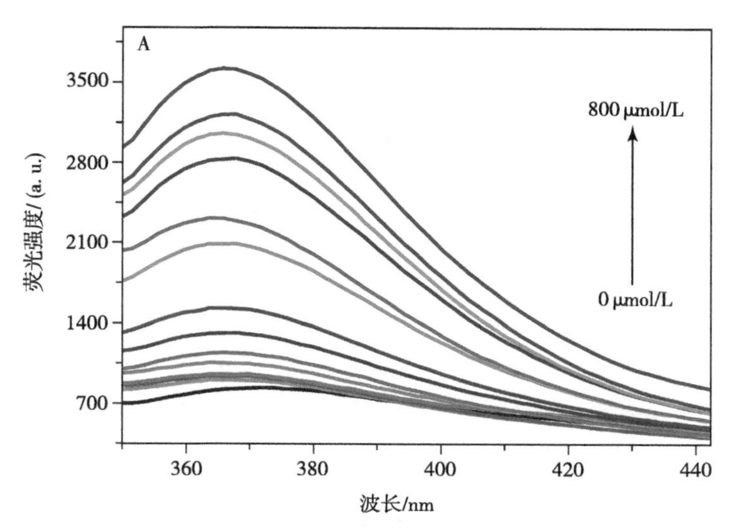

图 4-8 传感系统对腺苷的检测灵敏度。(A)存在不同浓度的腺苷时传感体系的荧光发射光谱。箭头表示的是随腺苷的浓度增加荧光信号的变化趋势，腺苷的浓度依次为：0 μmol/L、10 μmol/L、20 μmol/L、40 μmol/L、80 μmol/L、100 μmol/L、160 μmol/L、200 μmol/L、300 μmol/L、400 μmol/L、500 μmol/L、600 μmol/L、700 μmol/L 和 800 μmol/L

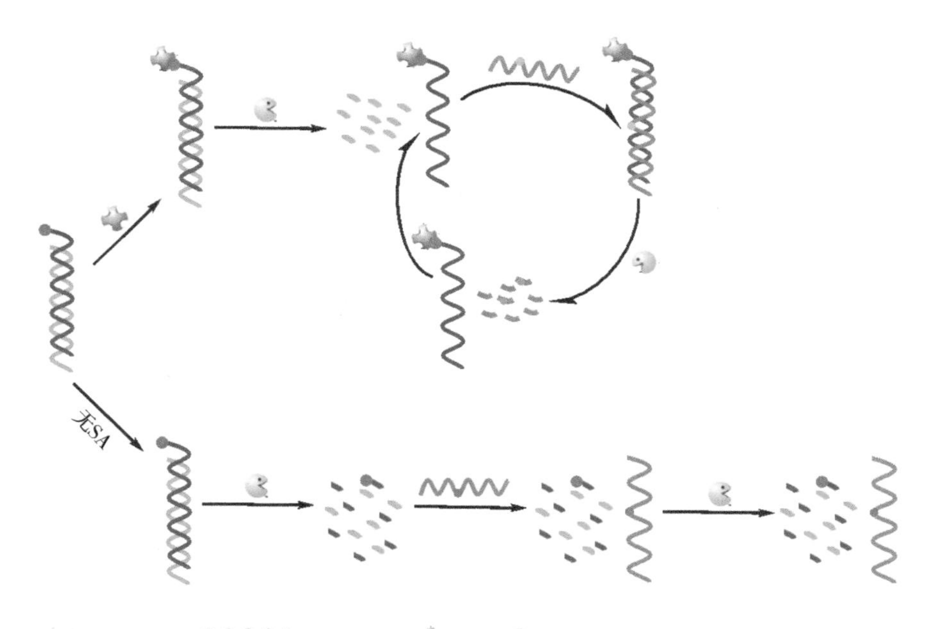

图 5-1 基于末端保护的 DNA 循环信号放大的链霉亲和素荧光传感器设计原理示意图

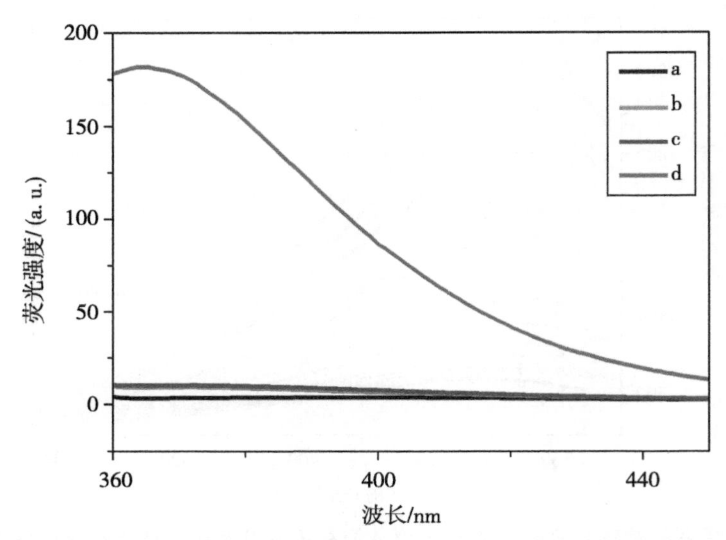

图 5-2　基于末端保护和 DNA 循环信号放大的传感系统在不同条件下的荧光发射光谱：（a）bio–DNA+A–bio–DNA，（b）bio–DNA+A–bio–DNA+2–AP–DNA，（c）bio–DNA+A–bio–DNA+2–AP–DNA+ Exo Ⅲ，（d）bio–DNA+A–bio–DNA+SA+2–AP–DNA+Exo Ⅲ。bio–DNA、A–bio–DNA、2–AP–DNA、SA 和 Exo Ⅲ的浓度分别为 10 nmol/L、10 nmol/L、100 nmol/L、500 ng/mL 和 50 U。激发波长和发射波长分别为 300 nm 和 367 nm

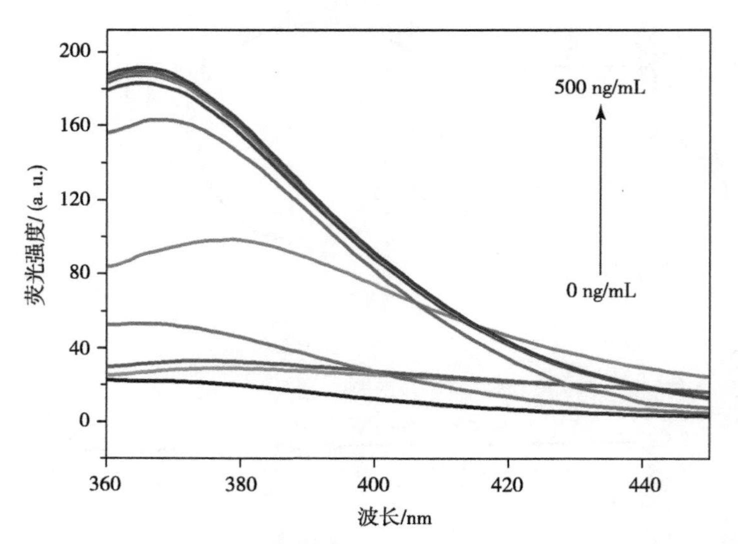

图 5-7　传感系统对链霉亲和素的检测灵敏度。（A）存在不同浓度的 SA 时传感体系的荧光发射光谱。箭头表示的是随链霉亲和素的浓度增加荧光信号的变化趋势，SA 的浓度依次为：0 ng/mL、10 ng/mL、20 ng/mL、40 ng/mL、80 ng/mL、120 ng/mL、160 ng/mL、200 ng/mL、300 ng/mL、400 ng/mL、500 ng/mL 和 600 ng/mL